TRAITÉ

DES

ÉLÉMENTS DE L'ALGÈBRE

IMP. EUGÈNE HEUTTE ET Cⁱᵉ, A SAINT-GERMAIN.

TRAITÉ

DES

ÉLÉMENTS DE L'ALGÈBRE

COMPRENANT

les matières du programme du baccalauréat
ès sciences

ET LEURS APPLICATIONS. (PROBLÈMES RAISONNÉS.)

PAR

A. GOUILLY

INGÉNIEUR DES ARTS ET MANUFACTURES
AGRÉGÉ DES LYCÉES
RÉPÉTITEUR A L'ÉCOLE CENTRALE

H. PÉLAGAUD FILS ET ROBLOT, LIBRAIRES-ÉDITEURS

LYON | **PARIS**
Grande rue Mercière, 48 | Rue de Tournon, 5

1873

TABLE DES MATIÈRES

CHAPITRE PREMIER.

NOTATIONS ET OPÉRATIONS ALGÉBRIQUES.

CHAPITRE II.

ÉQUATIONS DU PREMIER DEGRÉ.

CHAPITRE III.

ÉQUATIONS DU SECOND DEGRÉ.

45. Le carré d'un nombre positif ou négatif est positif. La racine carrée d'un nombre positif a deux valeurs. — **46.** Nombres imaginaires, nombres réels. a^2, $-a^2$, $\sqrt{-a^2}$. — **47.** Carré et racine carrée des monômes. Radicaux du second degré. — **48.** Compléter le carré d'un binôme..

49. Résolution de l'équation binôme $x^2 - a^2 = 0$. Deux racines égales et de signes contraires. — **50.** Résolution de l'équation complète du second degré. Le trinôme du second degré $x^2 + px + q$ peut, quel que soit x, être mis sous la forme $(x - x') \times (x - x'')$, x' et x'' étant les racines de $x^2 + px + q = 0$. Le trinôme $ax^2 + bx + c$ peut être mis, quel que soit x, sous la forme $a(x - x')(x - x'')$, x' et x'' étant les racines de l'équation $ax^2 + bx + c = 0$. Racines de l'équation complète. — **51.** La somme des racines, le produit des racines. — **52.** Discussion des racines de l'équation du second degré.

53. Solution de l'équation étrangère au problème qui donne lieu à l'équation. (j) Profondeur d'un puits... (k) Partager une droite en moyenne et extrême raison. — **54.** (l) Problème des lumières. (m) Trouver deux nombres dont on connaît la somme et le produit.

55. Équation bicarrée $x^4 + px^2 + q = 0$. — **56.** Équations de la forme $x^{2m} + px^m + q = 0$.

57. Maximum et minimum. — **58.** (n) Maximum du produit de deux facteurs réels variables dont la somme est constante. — **59.**

Maximum et minimum de l'expression $y = ax^2 + bx + c$. — 60. Maximum du produit d'un nombre quelconque de facteurs dont la somme est constante. — 61. Maximum du produit $x^m . y^n . z^p \ldots$ sachant que $x + y + z \ldots$ est constante. — 62. (o) Inscrire dans un cercle un rectangle dont l'aire soit maximum. (p) Triangle de surface maximum parmi ceux qui ont le même périmètre. (q) Quel est le parallélipipède rectangle dont le volume est maximum parmi ceux qui ont une même surface. (r) Entre quelles limites peut varier une expression de la forme $y = \dfrac{ax^2 + bx + c}{b' x + c'}$, quand on donne à x toutes les valeurs réelles possibles.

CHAPITRE IV.

PROGRESSIONS. LOGARITHMES. INTÉRÊTS COMPOSÉS.

63. Définition, notation. $a_n = a^o + n . r$. $r = \dfrac{a_n - a_o}{n}$. — 64. Insertion de n moyens différentiels entre les termes d'une progression arithmétique. $r_1 = \dfrac{r}{n + 1}$. — 65. La somme de deux termes à égale distance des extrêmes égale la somme des extrêmes. — 66. La somme des termes d'une progression arithmétique est $S = (n + 1) \dfrac{a_o + a_n}{2}$.

67. Définition. $a_n = a_o q_n$. $q = \sqrt[n]{\dfrac{a_n}{a_o}}$. — 68. Insertion de n moyens géométriques entre les termes d'une progression géométrique. $q_1 = \sqrt[n+1]{q}$. — 69. Le produit de deux termes à égale distance des extrêmes égale le produit des termes extrêmes. — 70. Produit des termes d'une progression géométrique, $P = \sqrt{(a_o . a_n)^{n + 1}}$. — 71. Somme des termes d'une

progression géométrique, $S = \dfrac{a_n\, q - a_o}{q - 1}$. — **72**. Limite de la somme des termes d'une progression géométrique décroissante d'un nombre infini de termes, $S = \dfrac{a_o}{1 - q}$.

73. Définition. Log. A. B. C.... $=$ log. A $+$ log. B $+$ log. $+$ C $+$....
— **74**. Log. $A^n = n$. log. A. — **75**. Log. $\sqrt[n]{a} = \dfrac{1}{n}$. log. a.
— **76**. Construction d'une table de logarithmes de 1 à 10 000. Usage des tables. Caratéristiques. Différences. Logarithmes négatifs.

77. Intérêts composés. — **78**. Annuités.

———

TRAITÉ

DES

ÉLÉMENTS DE L'ALGÈBRE

CHAPITRE PREMIER.

NOTATIONS ET OPÉRATIONS ALGÉBRIQUES.

---

§ Ier. — But de l'algèbre. — Quantités positives, quantités négatives.

1. — L'*algèbre* a pour but l'étude des moyens à l'aide desquels on peut *simplifier* la résolution des questions et *généraliser* les solutions. L'algèbre n'a pas de notions premières qui lui soient propres; elle les emprunte aux autres sciences ainsi que les relations qui lient les grandeurs entre elles, et elle devient un *instrument* d'investigation puissant et commode.

Ce résultat est dû à l'emploi des *lettres*, pour représenter les nombres qui expriment la mesure des grandeurs ou leurs rapports, et des *signes*, pour représenter les opérations à exécuter sur les nombres. Les *notations* algébriques ne tirent pas absolument leur origine de la nature même des objets qu'elles représentent. Pour que l'esprit saisisse plus complétement le rôle de la nécessité dans le choix des notations, il importe de n'introduire ces dernières qu'autant que le besoin naîtra.

2. — Dès l'enseignement de l'arithmétique, l'usage de quelques notations apporte une grande simplification dans l'écriture. Ainsi on représente souvent un nombre par une lettre ;

$+$ est le signe de l'addition et s'énonce *plus;*

$-$ est le signe de la soustraction et s'énonce *moins;*

$\times$ est le signe de la multiplication, il s'énonce *multiplié par;* la multiplication de deux nombres A et B s'indique encore par A.B ou par AB quand il n'y a pas d'ambiguïté ;

: est le signe de la division, et, par extension de la signification des fractions, la division de deux nombres A et B s'indique encore par $\frac{A}{B}$; A : B s'énonce A *divisé par* B; $\frac{A}{B}$ s'énonce A *sur* B;

( ) La *parenthèse* indique que l'on considère comme effectuée l'opération qui n'est qu'indiquée dans la parenthèse; de sorte que, dans un but particulier, on raisonnera sur $(12 - 3)$, par exemple, comme on raisonnerait sur le nombre 9, se réservant, suivant le cas, de remplacer la quantité $12 - 3$ par 9 ou de la conserver non effectuée.

En arithmétique encore, *l'exposant* est la notation de *la puissance;* c'est un chiffre qui placé à droite et au-dessus d'un nombre indique combien de fois ce nombre est pris comme facteur. A^3 est la même chose que A. A. A. D'une manière générale, A^n indique que A est pris n fois comme facteur.

L'opération contraire de *l'élévation à une puissance* ou

l'extraction d'une racine s'exprime par un signe appelé *radical* $\sqrt{\ }$, dans les branches duquel on met *l'indice de la racine*. Le nombre dont on extrait la racine est placé sous le signe $\sqrt{\ }$. *L'indice de la racine est l'exposant de la puissance à laquelle il faudrait élever la racine pour reproduire le nombre donné.* L'indice 2 ne s'écrit pas.

$\sqrt[n]{A^n}$ n'est autre chose que A ; $(\sqrt[n]{A})^n$ n'est autre chose que A.

$=$ est le signe de l'égalité et s'énonce *égale* ;

$<$ ou $>$ est le signe de l'inégalité ; la quantité la plus petite est placée du côté de la pointe.

$A < B$ s'énonce A *plus petit que* B ;

$A > B$ s'énonce A *plus grand que* B.

3. — Ces notations nous ont suffi en arithmétique élémentaire, mais suffiront-elles quand nous représenterons toujours la mesure des grandeurs par des lettres, et que nous voudrons obtenir des résultats généraux indépendants des nombres qui expriment les états particuliers des grandeurs ?

Une des premières difficultés est offerte par l'expression $A - B$. Que signifie-t-elle quand B est un nombre plus grand que A ? Peut-on donner à $A - B$ une interprétation générale qui la rende utile dans tous les cas ?

Jusqu'ici $11 - 15$, ou 11 diminué de 15, ne veut rien dire. Cependant remarquons que, si 3 mètres doivent être ajoutés à 10 mètres, on écrit $10 + 3$; et que, si 5 mètres doivent être retirés de 12 mètres, on écrit $12 - 5$. Remarquons que toute grandeur a un *sens* pour l'augmentation et un *sens* pour la diminution. *Convenons* maintenant de dire qu'un nombre précédé du signe $+$ représente l'augmentation (comme $+3$ dans l'exemple précédent) et qu'un nombre affecté du signe — représente une diminution (comme — 5 dans l'exemple précédent).

Des quantités telles que + 3 pourraient s'appeler **additives**; des quantités telles que — 5 pourraient s'appeler soustractives.

On appelle les premières *positives* et les secondes ***négatives***.

Par définition, *une quantité positive est celle qui est comptée dans le sens de l'augmentation de la grandeur, on la fait précéder du signe + ; une quantité négative est celle qui est comptée dans le sens de la diminution, dans le sens contraire à celui des quantités positives, on l'affecte du signe —.*

Tout nombre *absolu* est supposé précédé du signe + et représente l'augmentation depuis l'état où on compte zéro. Ainsi dans 12—5, 12 est dans le sens de l'augmentation et 5 dans le sens contraire.

4. — De ces conventions on déduit pour A — B une interprétation générale.

Sur une droite, je représente le chemin parcouru par un mobile; je suppose que je compte les distances à partir d'un point O marqué sur cette droite et que je les considère comme positives lorsqu'elles sont parcourues dans le sens de gauche à droite, et comme négatives lorsqu'elles sont parcourues dans le sens de droite à gauche. Si je dis : le mobile est en C, situé à + 11 kilom. de O, et il s'avance de droite à gauche de 7 kilom., à quelle distance se trouve-t-il de O ? La réponse est 11 — 7 ou 4 kilom. Si je dis : le mobile est en C, situé à + 11 kilom. de O, et s'avance de droite à gauche de 15 kilom.; dans ce cas la réponse est 11 — 15. La quantité à soustraire est plus grande que la quantité dont on doit la soustraire. Or le mobile est à 4 kilom., à gauche du point origine, du point à partir duquel on compte *positivement* vers la droite, et *négativement* vers la gauche. Sa distance est donc — 4, nombre que j'aurais obtenu en retranchant 11 de 15 et en donnant au résultat le signe de 15. A — B représentera toujours la distance du mobile au point à partir duquel je commence à compter, à la condition de soustraire la distance la plus faible de la plus forte, en valeur absolue, et de donner le signe de cette dernière. On pourra continuer à dire que B est porté dans le sens de la diminution de la distance, bien que l'éloignement du mobile vers la gauche puisse devenir très-grand avec B ; il suffit de regarder le point O comme une origine arbitraire des distances et le sens de l'augmentation comme étant de gauche à droite.

Autre exemple. Si je représente l'actif d'une personne par une quantité positive et son passif par une quantité négative, l'avoir réel, la fortune de cette personne s'obtiendra en retranchant la valeur absolue du passif de la valeur de l'actif. Si l'actif est plus grand que le passif, l'avoir se compose de l'excédant de l'actif ; si le passif est plus grand que l'actif, l'avoir se compose de l'excédant du passif : c'est un passif, c'est une dette. — Je possède 11 francs, mais je dois 7 francs : mon avoir est $11 - 7 = + 4$, c'est un actif de 4 francs ; au contraire, je dois 11 francs, mais je n'ai que 7 francs : mon avoir, obtenu de la même manière en retranchant le passif de l'actif, est représenté par $7 - 11$, et, prenant la même convention que pour le problème précédent, cet avoir est représenté par — 4 fr. : c'est un passif, une dette. A — B pourra donc, dans tous les cas, représenter l'avoir d'une personne, si je retranche la plus petite quantité en valeur absolue de la plus grande en valeur absolue, et si je donne au résultat le signe de la plus grande, avec cette convention qu'un actif négatif est un passif, une dette.

Ce qui vient d'être dit pour des sommes d'argent, pour des distances, peut être répété pour les degrés d'un cercle qui mesureraient des angles croissant dans un sens et décroissant dans l'autre sens, à partir du rayon qui passe par le point origine des degrés.

Certaines grandeurs peuvent paraître ne pas se prêter à une augmentation indéfinie ou à une diminution indéfinie : tel est l'âge d'une personnne, tel est le volume d'une pierre, la longueur d'une barre métallique, etc. Il suffit que l'interprétation donnée à A — B convienne à la plupart des cas pour qu'on l'adopte ; d'ailleurs, en tenant compte des *conventions*, il sera facile d'appliquer la valeur algébrique de A — B à l'objet d'une question, ou de conclure à l'absurdité par l'impossibilité d'assigner un rôle à cette valeur.

De tout cela déduisons les *conventions* suivantes :

Les signes + *et* — *ne désignent pas seulement l'addition et la soustraction, mais encore deux sens contraires attribués aux grandeurs.*

Pour effectuer A — B *on retranchera le plus petit nombre en valeur absolue du plus grand en valeur absolue et on donnera le signe de ce dernier au résultat.*

§ II. — Des opérations sur les nombres positifs et les nombres négatifs. — Règles des signes.

5. — *L'addition est une opération qui a pour but de former le résultat que l'on obtiendrait en portant d'une manière continue des grandeurs à la suite les unes des autres dans le sens indiqué pour chacune par son signe.*

Cette définition contient celle qui est donnée en arithmétique.

L'opération s'effectuera sur les nombres qui représentent les grandeurs proposées au moyen d'additions et de soustractions arithmétiques.

Supposons qu'un courrier soit arrivé à 12 kilom. de son point de départ, puis qu'il parcoure encore 3 kilom. dans le même sens, puis 24 kilom. en revenant sur ses pas, puis 2 kilom. dans la première direction. A quelle distance est-il de son point de départ ? Si on attribue le signe $+$ aux distances portées dans la première direction et le signe $-$ aux autres, le résultat demandé s'obtiendra en *ajoutant* les nombres $+12, +3, -24, +2$. Or, d'après le sens marqué par le signe, $+12$ augmenté de 3 donne $12 + 3 = 15$; $+15$ augmenté de -24, c'est-à-dire diminuée de 24, donne $15 - 24 = -9$; -9 augmenté de $+2$ donne -7. C'est le résultat de $12 + 3 - 24 + 2$, où l'on considère les signes comme représentant l'addition et la soustraction.

Une addition de nombres positifs et de nombres négatifs, s'indiquera en écrivant les nombres proposés les uns à la suite des autres avec leurs signes respectifs. On l'effectuera en opérant les additions et les soustractions indiquées par les signes comme en arithmétique.

6. — *Pour changer le sens d'une quantité* (ou la prendre négativement), *il suffit de changer les signes $+$ en signes $-$ et les signes $-$ en signes $+$.* Soit la quantité $12 + 3 - 24 + 2$, elle peut être considérée comme la somme des quantités $+12, +3, -24, +2$.

Pour changer le sens du résultat, il suffira de changer le sens de chacune des parties, ce qui s'indiquera en changeant le signe de chacune d'elles, puisque le signe indique le sens. D'après cela $12 + 3 - 24 + 2$ changée de sens devient $-12 - 3 + 24 - 2$, somme des quantités $-12, -3, +24, -2$.

Pour *notation* du changement de signe, nous adopterons le signe — placé devant la quantité mise en parenthèse. Ainsi on écrira — $(12 + 3 - 24 + 2) = -12 - 3 + 24 - 2$; on écrira encore — $(+ 7) = -7, -(-7) = +7$. En réalité, par cette convention, nous supposons arbitrairement que le signe de la quantité en parenthèse est le signe $+$; mais il n'y a à cela aucune difficulté, et cette notation n'est pas ambiguë puisqu'on est assuré de trouver le sens de la quantité en parenthèse.

7. — *La soustraction est l'opération contraire de l'addition;* c'est-à-dire que, étant données la somme de deux quantités et l'une de ces quantités, on se propose de trouver l'autre par la soustraction. Cette définition comprend celle qui est donnée en arithmétique.

Si à 12 on ajoute la quantité $7 - 4$, on obtient d'après ce qui est convenu $12 + 7 - 4$. Connaissant la somme $12 + 7 - 4$ de deux quantités et l'une d'elles $7 - 4$, trouver l'autre. Il est évident que l'on aura le résultat demandé en ajoutant à $12 + 7 - 4$ la quantité $7 - 4$ changée de sens ou en ajoutant $-(7 - 4)$. En effet on aura $12 + 7 - 4 - (7 - 4) = 12 + 7 - 4 - 7 + 4 = 12$, ce qui est bien la seconde partie de la somme.

$(12 + 7 - 4) - (7 - 4)$ n'est que l'indication de l'opération proposée ; *donc pour marquer la soustraction, il suffit d'écrire à côté l'une de l'autre les quantités proposées en mettant le signe — devant la quantité à soustraire.*

$$(12 + 7 - 4) - (7 - 4) = 12 + 7 - 4 - 7 + 4.$$

Donc pour effectuer la soustraction il suffit de changer les signes de la quantité à soustraire et de l'écrire à la suite de la quantité dont elle doit être soustraite et de faire les opérations arithmétiques indiquées par les signes.

Retrancher une quantité d'une autre revient donc à *ajouter* cette quantité changée de signe.

8. — *La multiplication est une opération dans laquelle on cherche une quantité appelée produit qui soit composée par l'addition avec le multiplicande comme le multiplicateur est composé avec l'unité.* Cette définition comprend celle qui est donnée en arithmétique.

Aucune difficulté pour trouver le produit de deux nombres positifs puisque ce sont les nombres que l'on prend pour facteurs en arithmétique.

Multiplication d'un nombre négatif par un nombre positif. Soit à multiplier -3 par 4. D'après la définition, il suffit d'ajouter -3 quatre fois à lui-même. Or $-3-3-3-3$ vaut -12; donc $(-3).4 = -(3.4) = -12$. Le signe du produit est donc $-$ et la valeur absolue du produit est le produit des facteurs pris en valeur absolue.

Multiplication d'un nombre positif par un nombre négatif. Soit à multiplier $+3$ par -4. Le multiplicateur est composé de 4 unités prises négativement, le produit se composera de 4 fois le multiplicande pris négativement. Le produit est le même que le précédent et $(+3)(-4) = -3 \times 4$.

Multiplication de deux nombres négatifs. Soit à multiplier -3 par -4. Il faudra prendre 4 fois le multiplicande pris négativement, ce qui donne $(+3+3+3+3)$ ou $+3 \times 4$. Le signe du produit est $+$.

La multiplication s'effectue donc en faisant la multiplication arithmétique du multiplicande par le multiplicateur, pris l'un et l'autre en valeur absolue, et en remarquant que deux facteurs de même signe donnent le signe $+$ au produit, et que deux facteurs de signes contraires donnent un signe $-$ au produit.

Cette règle est d'une application facile au cas où l'on

*gatif est plus petit algébriquement que zéro; un nombre
positif est plus grand algébriquement que zéro.*

$$15 > 7, \quad -15 < -7, \quad -15 < 7, \quad -15 < 0, \quad 15 > 0.$$

14. — Un *monôme* ou *terme*, est une expression algébrique dont les parties ne sont séparées ni par le signe $+$
ni par le signe $-$. L'un des facteurs prend le plus souvent
le nom de *coefficient;* ce coefficient placé en tête du terme,
peut être exprimé par une lettre. Dans un terme, il faut
distinguer le signe, le coefficient, les lettres, les exposants
de ces lettres. Un radical peut entrer dans la composition
d'un monôme.

$$-3a^2b, \qquad +7a\sqrt[3]{b}, \qquad \sqrt{2ab^2}.$$

Des termes semblables, sont ceux qui ne diffèrent que par
le signe ou par le coefficient. $-3a^2b, +8a^2b, -8a^2b.$

15. — Un *polynôme* est une expression algébrique composée de plusieurs termes unis par les signes $+$ ou $-$. On
appelle binôme, trinôme, quadrinôme, etc., des polynômes
de deux, de trois, de quatre, etc., termes.

16. — Le *degré d'un monôme* est le nombre des facteurs
littéraux qui le composent. Le degré peut être pris par
rapport à un ou par rapport à plusieurs des lettres qui le
composent. — $3a^2bc^3$ est du deuxième degré en a, du premier en b, du troisième en c, du troisième en a et b, du
quatrième en b et c, du sixième en a, b et c. Le coefficient
n'entre pas dans la considération du degré.

Le *degré d'un polynôme*, par rapport à une ou plusieurs

lettres, est le degré du terme dont le degré est le plus élevé par rapport aux lettres considérées.

$$24a^7b - 118a^5b^3c^2 + 44a^3b^5c^4 + 160a^2b^6c^5,$$

est du septième degré en a, du sixième en b, du cinquième en c, du treizième en a, b et c.

Ordonner un polynôme, c'est écrire ses termes dans l'ordre croissant ou décroissant des puissances d'une même lettre. Le polynôme précédent est ordonné suivant les puissances décroissantes de la lettre a, suivant les puissances croissantes de la lettre b.

17. — *Par expression entière* on entend une expression algébrique qui ne contient ni radical ni dénominateur.

Par expression fractionnaire, il faut entendre une expression qui ne contient pas de radical et est composée de fractions algébriques.

Une *expression irrationnelle* est celle qui contient des radicaux.

Une expression entière ou fractionnaire est dite *rationnelle*.

§ IV. — Opérations algébriques.

18. — Maintenant que nous avons défini les nombres positifs et les nombres négatifs, que nous avons établi suffisamment le sens des notations algébriques, il nous faut parler des opérations algébriques proprement dites, c'est-à-dire des opérations à exécuter sur des expressions littérales. Ces opérations consistent, en réalité, à amener le calcul indiqué sur les lettres jusqu'au point où, après le passage des lettres aux nombres, les calculs numériques seront le plus simples possibles. Quelquefois ces *transformations* sont faites en vue de discussions générales sur les grandeurs représentées par les lettres.

Les opérations à faire sur les monômes et sur les polynômes, sont les mêmes qu'il faudrait exécuter sur les nombres que l'on obtiendrait en effectuant ces monômes ou ces polynômes, après avoir remplacé leurs lettres par les valeurs qu'elles représentent. Elles admettent donc toute la généralisation dont sont susceptibles les opérations sur les nombres positifs et les nombres négatifs.

19. — *Pour additionner des polynômes, il suffit de les porter les uns à la suite des autres sans changer les signes; on fait la réduction des termes semblables, s'il y en a.*

S'il y a des termes semblables en nombre considérable, on peut écrire les polynômes les uns au-dessous des autres, les termes semblables se correspondant; puis on fait la réduction, et on écrit le résultat au-dessous d'un trait horizontal placé après le dernier polynôme. Cette disposition rappelle celle de l'addition des nombres absolus.

Pour réduire les termes semblables, il suffit d'additionner leurs coefficients.

$$- 30a^5b^3c^2 + 16a^5b^3c^2 - 10a^5b^3c^2$$
$$= (- 30 + 16 - 10)\, a^5b^3c^2 = - 24a^5b^3c^2.$$

20. — *Pour soustraire d'un polynôme un autre polynôme, on change tous les signes de ce polynôme et on l'écrit à la suite du premier; on fait la réduction des termes semblables, s'il y en a.*

21. — MULTIPLICATION DES MONÔMES. — Soit à multiplier $+ 6a^4b$ par $- 16a^3b^2c^2$. D'après la définition de la multiplication algébrique et la signification des signes, $(+ 6a^4b) \times (- 16a^3b^2c^2)$ égalera $6a^4b \times 16a^3b^2c^2$ changé de sens; on a donc $(+ 6a^4b)(- 16a^3b^2c^2) = - 6a^4b \times 16a^3b^2c^2$. Les signes placés devant les monômes donnent au produit un signe que l'on obtient en appliquant les règles établies pour la multiplication des nombres positifs et des nombres négatifs entre eux.

$6a^4b = 6 \times a^4 \times b$; $16a^3b^2c^2 = 16 \times a^3 \times b^2 \times c^2$; donc $6a^4b \times 16a^3b^2c^2 = 6 \times 16 \times a^4 \times a^3 \times b \times b^2 \times c^2$; en changeant de place les facteurs, ainsi qu'il est permis de le faire (**8**). Il est évident que $a^4 \times a^3 = a^7, b \times b^2 = b^3$. En définitive $(+ 6a^4b)(- 16a^3b^2c^2) = - 96a^7b^3c^2$.

Pour faire la multiplication des monômes ; 1° *observer la règle des signes qui donne un signe* $+$ *au produit, si les deux facteurs sont de même signe, et un signe* —, *si les deux facteurs sont de signes contraires;* 2° *multiplier les coefficients l'un par l'autre;* 3° *écrire les lettres communes en additionnant leurs exposants respectifs;* 4° *écrire chaque lettre non commune avec son exposant.*

22. — MULTIPLICATION DES POLYNÔMES. — Multiplier un polynôme par un nombre positif, c'est l'additionner à lui-même autant de fois qu'il y a d'unités dans le nombre ; c'est donc multiplier chaque terme de ce polynôme par le nombre positif. Multiplier un polynôme par un nombre négatif, c'est faire la même opération qui vient d'être décrite, mais en ayant soin de changer le sens et par conséquent le signe de chaque terme; c'est donc multiplier chaque terme de ce polynôme par le nombre négatif. De la facilité de réduire un monôme à un nombre positif ou à un nombre négatif, il résulte que multiplier un polynôme par un monôme, c'est multiplier chaque terme du polynôme par ce monôme.

Soit à multiplier un polynôme $A + B + C...$ par un polynôme $M + N + P...$ Les lettres $A, B, C,... M, N, P...$ représentent d'une manière générale les termes de ces polynômes.

Je considère le polynôme A + B + C... comme effectué et je change les facteurs de place dans les produits indiqués; j'obtiens successivement les égalités suivantes, en appliquant la règle de la multiplication d'un polynôme par un nombre ou par un monôme.

$$(A+B+C...)(M+N+P...)=(M+N+P...)(A+B+C...)$$
$$=M(A+B+C...)+N(A+B+C...)+P(A+B+C...)+...$$
$$=(A+B+C...)M+(A+B+C...)N+(A+B+C...)P+...$$
$$=AM+BM+CM+...+AN+BN+CN+...$$

Pour effectuer la multiplication d'un polynôme par un polynôme, ordonner les polynômes par rapport à une même lettre, multiplier successivement chacun des termes du multiplicande par chacun des termes du multiplicateur, et faire la réduction des termes semblables, s'il y en a.

Voici un exemple de la disposition qu'il convient souvent d'adopter pour faire la multiplication. La disposition rappelle celle qui est usitée pour la multiplication des nombres absolus. Le multiplicateur est écrit au-dessous du multiplicande, les termes semblables des produits partiels sont placés sous les termes semblables.

$$6a^4b - 3a^3b^2c - 4a^2b^3c^2 - 10ab^4c^3$$
$$4a^3 + 2a^2bc - 16ab^2c^2$$
$$\overline{}$$
$$24a^7b - 12a^6b^2c - 16a^5b^3c^2 - 40a^4b^4c^3$$
$$+ 12a^6b^2c - 6a^5b^3c^2 - 8a^4b^4c^3 - 20a^3b^5c^4$$
$$- 96a^5b^3c^2 + 48a^4b^4c^3 + 64a^3b^5c^4 + 160a^2b^6c^5$$
$$\overline{}$$
$$24a^7b \qquad - 118a^5b^3c^2 \qquad + 44a^3b^5c^4 + 160a^2b^6c^5$$

23. — *Le carré de la somme de deux quantités égale le carré de la première, plus le double du produit de la première par la seconde, plus le carré de la seconde.*

$$(a+b)^2 = a^2 + 2ab + b^2.$$

Le carré de la différence de deux quantités égale le carré de la première, moins le double du produit de la première par la seconde, plus le carré de la seconde.

$$(a - b)^2 = a^2 - 2ab + b^2.$$

Le produit de la somme de deux quantités par leur différence égale la différence des carrés de ces quantités.

$$(a + b)(a - b) = a^2 - b^2.$$

$a + b$	$a - b$	$a + b$
$a + b$	$a - b$	$a - b$
$a^2 + ab$	$a^2 - ab$	$a^2 + ab$
$+ ab + b^2$	$- ab + b^2$	$- ab - b^2$
$a^2 + 2ab + b^2$	$a^2 - 2ab + b^2$	$a^2 - b^2$

Le cube d'un binôme s'effectuera par la multiplication; il faut en retenir l'expression algébrique et l'énoncer en langage ordinaire.

$$(a \pm b)^3 = a^3 \pm 3a^2b + 3ab^2 \pm b^3.$$

Prouver l'égalité suivante et l'énoncer en langage ordinaire.

$$(a + b + c + d \ldots)^2 = \begin{cases} a^2 \\ + 2ab + b^2 \\ + 2(a + b)c + c^2 \\ + 2(a + b + c)d + d^2 \\ + \ldots \ldots \ldots \ldots \end{cases}$$

24. La multiplication des polynômes donne lieu aux remarques suivantes : 1° si les deux facteurs sont ordonnés, le produit est ordonné de la même manière. Cela résulte de la marche de l'opération; 2° le premier terme du produit est irréductible avec les autres, de même que le dernier terme du produit; car ils sont composés, l'un du produit des deux termes du plus fort degré dans les facteurs, l'autre du produit des deux termes du plus faible degré. Un produit aura donc au moins deux termes. Au plus, il pourra en avoir un nombre égal au produit du nombre des termes du multiplicande par le nombre des termes du multiplicateur, puisque chaque terme du multiplicateur peut au plus donner au produit autant de termes qu'il y en a dans le multiplicande; 3° le degré du produit égale la somme des degrés des facteurs.

25. — DIVISION DES MONÔMES. — La division étant le contraire de la multiplication, pour diviser deux monômes : *1° observer la règle des signes qui donne un signe $+$ au quotient, quand le dividende et le diviseur sont de même signe, et le signe $-$, quand le dividende et le diviseur sont de signes contraires; 2° diviser les coefficients l'un par l'autre; 3° écrire les lettres communes avec un exposant égal à la différence entre l'exposant du dividende et celui du diviseur; 4° écrire au quotient avec son exposant chaque lettre du dividende qui n'est pas au diviseur; 5° écrire en dénominateur avec son exposant ou écrire à la suite en mettant le signe $-$ devant l'exposant toute lettre du diviseur qui n'est pas au dividende.*

Exemple où les quatre premières opérations se rencontrent :

$$- 3a^3b^2c \times 4a^2b = - 3.4.a^3.a^2.b^2.b.c$$
$$= - 3.4.a^{3+2}.b^{2+1}.c = - 12a^5b^3.c.$$

Donc $\dfrac{- 12a^5b^3c}{4a^2b} = - \dfrac{12}{4}.a^{5-2}.b^{3-1}.c = - 3a^3b^2c.$

Si m et n représentent des nombres entiers et positifs,

deux puissances entières d'un nombre a pourront être a^m et a^n. D'après la signification de l'exposant, on aura $\dfrac{a^m}{a^n} = a^{m-n}$, ce dont nous nous sommes servis plus haut.

Si $m = n$, on a $\dfrac{a^m}{a^m} = a^{m-m} = a^o$; or, une quantité a^m divisée par elle-même donne l'unité ; donc a^o *est le symbole de l'unité.* Si $n = m + m'$ on aura $\dfrac{a^m}{a^{m+m'}} = a^{m-(m+m')} = a^{-m'}$;

mais $\dfrac{a^m}{a^{m-m'}} = \dfrac{a^m}{a^m \cdot a^{m'}} = \dfrac{1}{a^{m'}}$, en supprimant un facteur commun au dividende et au diviseur, ce qui ne change pas le quotient ; donc $a^{-m'}$ *est le symbole de l'inverse de la puissance* m' *de* a.

La cinquième règle est donc justifiée et on a

$$4\,a^5 b \; : \; -\; 5a^2bcd^2 = -\; \frac{4a^3}{5cd^2} = -\; \frac{4}{5}\, a^3 c^{-1} d^{-2}.$$

Pour mettre un facteur en évidence dans un polynôme, écrire ce facteur avec son signe devant une parenthèse contenant la somme des quotients des termes du polynôme par ce facteur pris avec son signe.

Soit : $-3a^2 + 6ab - 21b^2$, on a $-3a\left(a - 2b + 7\dfrac{b^2}{a}\right)$, en mettant $-3a$ en évidence, et $3a\left(-a + 2b - 7\dfrac{b^2}{a}\right)$, en mettant $3a$ en évidence.

26. — DIVISION DES POLYNÔMES. — Pour trouver la règle de la division des polynômes, supposons que le dividende, le diviseur et le quotient inconnu soient ordonnés suivant les puissances décroissantes d'une même lettre. Le produit du diviseur par le quotient doit reproduire le dividende ; donc le premier terme du dividende égale le produit du premier terme du diviseur par le premier terme inconnu du quotient (**24**). Pour trouver le premier terme du quotient, il suffira de diviser le premier terme du dividende par le premier terme du diviseur. Si du dividende on retranche le produit du diviseur par le premier terme obtenu du quotient, le reste contiendra le produit du diviseur par tous les autres termes inconnus du quotient. Pour obtenir les autres termes du quotient, il faut donc diviser ce premier reste par le diviseur ; ce que nous venons de dire permet de trouver le premier terme de ce quotient qui est le second du quotient cherché.

Dans la pratique de cette opération on adopte une disposition analogue à celle de la division des nombres absolus et on se dispense d'écrire sur la ligne de chaque reste partiel les termes du dividende qui n'ont pas été altérés ou ne doivent pas l'être dans l'opération partielle que l'on exécute.

$$24a^7b - 118a^5b^3c^2 + 44a^3b^5c^4 + 160a^2b^6c^5 \;\Big|\; 4a^3 + 2a^2bc - 16ab^2c^2$$

1er Produit partiel. $\mp 24a^7b \mp 12a^6b^2c \pm 96a^5b^3c^2 \;\Big|\; 6a^4b - 3a^3b^2c - 4a^2a^3c^2 - 10ab^4c^3$

$$- 12a^6b^2c - 22a^5b^3c^2$$

2e Produit partiel . . . $\pm 12a^6b^2c \pm 6a^5b^3c^2 \mp 48a^4b^3c^3$

$$- 16a^3b^3c^2 - 48a^4b^4c^3$$

3^e Produit partiel. . . . . . . $\pm 16a^5b^3c^2 \pm 8a^4b^4c^3 \mp 64a^3b^5c^4$

$$- 40a^4b^4c^3 - 20a^3b^5c^4$$

4e Produit partiel . . . . $\pm 40a^4b^4c^3 \pm 20a^3b^5c^4 \mp 160a^2b^6c^5$

$$\text{Reste} \quad 0$$

Pour faire la division des polynômes, *ordonner le divi-*
dende et le diviseur, par rapport aux puissances décrois-
santes d'une même lettre; diviser le premier terme du
dividende par le premier du diviseur, ce qui donne le pre-
mier terme du quotient. Faire le produit du diviseur par
le terme obtenu; l'écrire sous le dividende; changer les
signes de ce produit et réduire ses termes avec ceux du
dividende. Ordonner le reste, opérer comme on vient de le
faire sur le dividende; et ainsi de suite, jusqu'à ce qu'on
obtienne un reste nul, auquel cas on dit que la division se
fait exactement, *ou un reste d'un degré inférieur à celui*
du diviseur, auquel on arrête ordinairement l'opération
dans ce cas.

Quand on arrive à un reste qui est d'un degré inférieur à
celui du diviseur, par rapport à la lettre ordonnatrice, la
division est impossible, à ce point de vue que le dividende
n'est pas égal au produit du diviseur par le quotient; autrement le premier terme de chaque reste serait divisible par
le premier du diviseur, ce qui n'a pas lieu pour le reste que
nous considérons. Souvent on complète le quotient par une
fraction algébrique dont le numérateur est le reste, et dont
le dénominateur est le diviseur.

Il n'est pas toujours nécessaire de mener l'opération
aussi loin pour reconnaître qu'elle est impossible. Quand
la division est possible, et que dividende, diviseur et quotient, sont ordonnés suivant les puissances d'une même
lettre, le premier terme du dividende égale le produit du
premier terme du diviseur par le premier terme du quotient; le dernier terme du dividende est le produit du
dernier terme du diviseur par le dernier terme du quotient (**24**). Or, on peut ordonner par rapport à une lettre
quelconque commune au dividende et au diviseur; donc, si
la division est possible, les termes du dividende qui con-

tiennent une lettre commune au plus haut ou au plus faible exposant doivent être respectivement divisibles par les termes du diviseur qui contiennent cette lettre au plus haut ou au plus faible exposant. Cette observation s'applique aux dividendes partiels.

Le degré du quotient, quand la division est possible, égale la différence entre le degré du dividende et le degré du diviseur. Si la division n'est pas possible, et si on ordonne le dividende et le diviseur par rapport aux puissances croissantes, on verra qu'en continuant indéfiniment les opérations, le degré du quotient par rapport à cette lettre croît indéfiniment.

27. — Soit n un nombre entier positif, $a^n - b^n$ est divisible par $a - b$ que n soit pair ou impair. $a^n - b^n$ n'est divisible par $a + b$ que si n est pair. $a^n + b^n$ n'est pas divisible par $a - b$, mais il l'est par $a + b$ quand n est impair.

Prenons un des cas.

$$
\begin{array}{l|l}
a^n - b^n & \,a - b \\
\mp a^n \pm a^{n-1}b & \overline{\,a^{n-1} + a^{n-2}b + a^{n-3}b^2 + \ldots ab^{n-2} + b^{n-1}} \\
\hline
+ a^{n-1}b - b^n & \\
\mp a^{n-1}b \pm a^{n-2}b^2 & \\
\hline
+ a^{n-2}b^2 - b^n & \\
\ldots & \\
\ldots & \\
\hline
\end{array}
$$

$a^{n-n}b^n - b^n = b^n - b^n = 0$, dernier reste quel que soit n.

La loi de formation des termes du quotient est manifeste.

Les lettres a et b y entrent de la même manière, le degré de chacun des termes est $n-1$ en a et b, l'exposant de a va en décroissant d'une unité d'un terme à l'autre. Le premier terme des restes a le signe $+$, et le second terme est $-b^n$; de plus, dans le premier terme des restes, l'exposant de a diminue de $n-1$ à 0 et celui de b augmente de 1 à n; donc la division se fera exactement que n soit pair ou impair.

Pour les autres cas, on peut faire des démonstrations analogues.

Un moyen permet de retenir ces résultats; il suffit de faire successivement $n=1$, $n=2$, et d'essayer la division par $a-b$, ou par $a+b$. Si elle est possible quand $n=1$, c'est qu'elle sera toujours possible pour n impair; si elle est possible pour $n=2$, c'est qu'elle est possible pour n pair.

CHAPITRE II.

ÉQUATIONS DU PREMIER DEGRÉ.

---

§ Ier. — Égalités, équations.

28. — *Une égalité est la réunion par le signe $=$ de deux quantités dont on démontre l'égalité.* Si a, b, c, d, sont en proportion dans l'ordre où ils sont écrits, on a $a \times d = b \times c$. Si D est le dividende, d le diviseur, q le quotient, R le reste d'une division, on a $D = dq + R$.

On appelle *membres* les deux expressions de part et d'autre du signe $=$.

Une identité est une égalité dont un membre n'est en quelque sorte que la répétion de l'autre. Une identité littérale est vraie quelles que soient les valeurs des lettres qui la composent. $3 \times 4 = 12$, $(a + b)^2 = a^2 + 2ab + b^2$, sont des identités.

Une équation est une égalité qui contient des quantités inconnues d'une question et qui devient une identité quand on y remplace les inconnues par les valeurs qui satisfont à la question.

Les $\dfrac{2}{3}$ d'un nombre égalent 14 ; quel est ce nombre ?

Par une simple application de l'esprit on voit que le nombre cherché est 21. En appelant x le nombre inconnu, le problème fournit l'équitation $\frac{2}{3} x = 14$; laquelle devient l'identité $\frac{2}{3} \times 21 = 14$.

29. — *On peut ajouter une même quantité aux deux membres d'une égalité*, aussi bien qu'on pouvait le faire sur les égalités considérées en arithmétique. Il est évident, en effet, que si, après cette transformation, on effectue les deux nombres de l'égalité, ils deviennent égaux. Il est inutile de dire qu'on peut retrancher une même quantité aux deux membres d'une égalité, puisque retrancher a signifie ajouter $-a$.

Delà résulte la possibilité de la *transposition des termes* d'une égalité. *Pour faire passer un terme d'une égalité d'un membre dans un autre, il suffit de l'écrire dans ce membre en changeant son signe.* Soit, dans $12a^2 - 3b = 4a^2 + 13b$, à faire passer $13b$ du second membre dans le premier. J'ajoute $-13b$ aux deux membres, j'obtiens $12a^2 - 3b - 13b = 4a^2 + 13b - 13b$, ou $12a^2 - 3b - 13b = 4a^2$; donc $13b$ est passé dans le premier membre en changeant de signe.

On peut multiplier les deux membres d'une égalité par une même quantité sans en changer la valeur. Si on effectuait les deux membres, après cette transformation, on les trouverait effectivement égaux.

De là résulte la possibilité de chasser les dénominateurs. Il suffit de multiplier les deux membres d'une égalité à termes fractionnaires par une quantité qui soit divisible à la fois par tous les dénominateurs.

Si les dénominateurs sont numériques, cette quantité est le plus petit commun multiple de ces dénominateurs.

$$\frac{7a^2}{45} - \frac{11b}{810} = \frac{3a}{275}$$

$45 = 3^2.5$, $810 = 2.3^4.5$, $275 = 5^2.11$. Le plus petit commun multiple est $2. 3^4. 5^2. 11$; il suffit de multiplier par ce nombre les deux membres de l'égalité. Après avoir supprimé les facteurs communs au numérateur et au dénominateur dans chaque terme, on obtient :

$$2.3^2.5.7.11a^2 - 5.11^2b = 2.3^5a$$
ou $$6930a^2 - 605b = 486a.$$

Il n'est pas permis d'élever au carré les deux membres d'une égalité algébrique. $A^2 = B^2$ est bien une conséquence de l'égalité $A = B$, mais c'en est une aussi de $- A = - B$, car $(- A)^2 = A^2$ d'après nos conventions (**8**). Donc $A = B$ et $A^2 = B^2$ ou $- A = - B$ et $A^2 = B^2$ ne sont pas équivalentes.

Ce que nous venons de dire s'applique aussi bien aux équations, mais il faut ajouter qu'il n'est pas permis de multiplier, sans discernement, les deux membres d'une équation par une quantité contenant une inconnue.

$3x - 5 = 0$ est satisfaite par une valeur de x égale à $\dfrac{5}{3}$; si je multiplie les deux membres par $x + 2$, j'obtiens $(3x - 5) (x + 2) = 0$, qui devient une identité pour deux valeurs de x, savoir : $\dfrac{5}{3}$ et $- 2$.

30. — Les équations se distinguent entre elles par le degré pris par rapport aux inconnues. (Les inconnues sont représentées généralement par les dernières lettres de l'alphabet et les quantités connues par les premières.)

$$ax + by = c \text{ est du premier degré,}$$
$$3xy + 10 = 0 \text{ est du deuxième degré,}$$
$$x^2 + px + q = 0 \text{ est du deuxième degré.}$$

Les équations du même degré se distinguent par le nombre des inconnues.

31. — On appelle *système d'équations* l'ensemble des équations qui dépendent d'une même question.

Résoudre un système d'équations, c'est chercher les valeurs des inconnues qui, mises à leur place dans les équations, rendent celles-ci identiques. Ces valeurs s'appellent *solutions du système d'équations*.

Un système d'équations peut avoir plusieurs *systèmes de solutions*, c'est-à-dire plusieurs groupes de valeurs des inconnues qui satisfont au système d'équations.

§ II. — Résolution des équations du premier degré.

32. — *Équation du premier degré à une inconnue.* — Pour résoudre une équation du premier degré à une inconnue : 1° *chasser les dénominateurs* (**29**) ; 2° *faire passer dans un membre les quantités connues et dans l'autre les quantités inconnues* (**29**) ; 3° *effectuer les réductions possibles et mettre l'inconnue en évidence* ; 4° *diviser les deux membres par le coefficient de l'inconnue.*

Soit l'équation du premier degré :

$$(1) \qquad \frac{x}{10\,(a-2b)} - \frac{2}{21} = \frac{21\,ax + 20b^2}{70\,(a^2 - 4b^2)}.$$

Le plus simple dénominateur commun est $210\,(a^2 - 4\,b^2)$; en chassant les dénominateurs l'équation devient (**23, 27**.)

$$21x\,(a + 2b) - 20\,(a^2 - 4b^2) = 63ax + 60b^2.$$

Par la transposition des quantités connues dans le second membre et des quantités inconnues dans le premier on obtient,

$$21x \, (a + 2b) - 63ax = 60b^2 + 20 \, (a^2 - 4b^2).$$

Après la réduction,

$$42x \, (b - a) = 20 \, (a^2 - b^2) \,;$$

D'où l'on déduit,

$$(2) \qquad x = - \frac{10}{21} \, (a + b).$$

Il est évident que les transformations subies par l'équation proposée permettent de remonter sans ambiguïté de la dernière à la première.

Toute valeur de x qui satisfait à l'équation (1) satisfait à l'équation (2) et réciproquement.

33. — *Deux équations du premier degré à deux inconnues.* On ramène la résolution de ces équations à celle d'une équation du premier degré à une inconnue; pour cela on *élimine* une des deux inconnues. Voici trois méthodes d'élimination.

Méthode d'élimination par comparaison. — Cette méthode consiste en ceci : *Tirer de chacune des équations la valeur de l'inconnue à éliminer, comme si on connaissait la valeur de l'autre inconnue, et égaler les deux expressions qui ne contiennent plus que cette dernière.* La résolution de l'équation du premier degré ainsi obtenue donnera l'une des inconnues, dont la valeur, portée dans l'une des équations proposées, donnera la valeur de l'inconnue primitivement éliminée. La vérification des calculs se fera en remplaçant dans l'autre des équations proposées chacune des inconnues par sa valeur ; cette équation devra être satisfaite.

Soit proposé le système :

$$9x - 2y = 8, \qquad (1)$$
$$7x + 3y = 29. \qquad (2)$$

Tirons de chacune la valeur de y ;

$$y = \frac{9x - 8}{2} = \frac{29 - 7x}{3}. \qquad (3)$$

La dernière égalité est une équation du premier degré en x, satisfaite par la valeur $x = 2$. En mettant **2** à la place de x dans l'une ou l'autre des équations **(1)** et **(2)**, j'aurai la même valeur de y, car de ces équations on tirerait les valeurs de y qui sont les deux membres de la dernière des égalités **(3)** rendues identiques par la valeur $x = 2$ que nous en avons déduite. Supposons que ce soit dans l'équation **(1)** que nous faisons $x = 5$ on obtient

$$y = \frac{9 \cdot 2 - 8}{2} = 5.$$

Vérifions au moyen de l'équation **(2)**, $7 \cdot 2 + 3 \cdot 5 = 29$.

Il est évident en outre que les valeurs $x = 2$, $y = 5$, ainsi calculées, satisfont aux équations **(1)** et **(2)**. Elles satisfont, en effet, aux équations fournies par les égalités **(3)**, qui, en chassant les dénominateurs et en transposant les termes en x, deviennent les équations **(1)** et **(2)**.

34. — *Méthode d'élimination par substitution.* — Cette méthode consiste en ceci : *Tirer de l'une des équations la valeur de l'inconnue à éliminer (comme si on connaissait la valeur de l'autre inconnue), porter cette valeur dans l'autre équation.* La résolution de l'équation du premier degré ainsi obtenue donnera la valeur d'une des inconnues, le reste s'achèvera comme à la suite de la méthode précédente.

Soit proposé le système :

$$9x - 2y = 8,$$
$$7x + 3y = 29.$$

Pour éliminer y, tirons sa valeur de la première équation, en supposant x connu, puis portons cette valeur dans la seconde ; on a

$$y = \frac{9x - 8}{2} \quad \text{et} \quad 7x + 3\,\frac{9x - 8}{2} = 29.$$

Cette équation est satisfaite par $x = 2$.

On obtiendra y et on fera la vérification des calculs comme dans la méthode précédente.

Aucun doute ne peut s'élever contre les solutions ainsi calculées puisque nous avons fait en définitive la *comparaison* de y satisfaisant à la seconde équation à y satisfaisant à la première, ce qui ramène cette méthode à la précédente.

35. — *Méthode d'élimination par réduction.* — Cette méthode consiste en ceci : *Multiplier les deux termes de chaque équation par le coefficient de l'inconnue à éliminer pris dans l'autre équation, l'un de ces coefficients étant changé de signe ; puis additionner membre à membre les deux équations ainsi transformées.* Le succès de cette méthode est basé sur ce que, dans les deux équations nouvelles l'inconnue à éliminer a deux coefficients égaux en valeur absolue et de signes contraires, de sorte que par l'addition membre à membre de ces équations cette inconnue disparaît. Les calculs s'achèveront comme dans les cas précédents.

Soit proposé le système :

$$\begin{array}{lll}
(1) & 3 & 9x - 2y = 8, \\
(2) & 2 & 7x + 3y = 29.
\end{array}$$

Les facteurs qui vont servir à l'élimination de y sont placés devant les équations. Les équations transformées sont :

$$(3) \qquad 3\,(9x - 2y) = 3.\,8,$$
$$(4) \qquad 2\,(7x + 3y) = 2.\,29.$$

Par addition on obtient :

$$(5) \qquad 41x = 82,$$
$$x = 2.$$

Les valeurs de x et de y qui dans chacune des équations (1) et (2) rendent les deux membres identiques satisfont évidemment aux équations (3) et (4) et réciproquement. De même les valeurs de x et de y, qui dans chacune des équations (3) et (4) rendent les deux membres identiques, satisfont à toute équation obtenue en les additionnant membre à membre. Donc $x = 2$, solution de l'équation (5), est bien la valeur de x qui satisfait aux équations (1) et (2).

Si l'inconnue à éliminer était x, les facteurs seraient 7 et — 9 ou — 7 et 9.

36. — *Résolution d'un système de* n *équations du premier degré à* n *inconnues.* La résolution d'un système de trois équations à trois inconnues se ramènera à la résolution d'un système de deux équations à deux inconnues. Plus généralement pour résoudre un système de n équations du premier degré à n inconnues :

Éliminer successivement par la méthode la plus convenable une inconnue entre une des équations à n *inconnues et les* n — 1 *autres. On obtient* n — 1 *équations à* n — 1 *inconnues qui, jointes à l'une des équations à* n *inconnues, contenant l'inconnue éliminée, forment un système équivalent au proposé.*

En effet, les méthodes d'élimination sont telles que les valeurs des n inconnues, qui dans chacune des n équations à n inconnues rendent les deux membres identiques, satisfont au deuxième système et réciproquement.

Éliminer une deuxième inconnue entre l'une des n — 1 *équations à* n — 1 *inconnues et les* n — 2 *autres. Il en résulte un système de* n — 2 *équations à* n — 2 *inconnues qui, jointes à une des équations à* n — 1, *contenant la deuxième inconnue éliminée, forment un système équivalent au système des* n — 1, *équations à* n — 1 *inconnues. Ce système, joint à l'équation du deuxième système qui contient la première inconnue éliminée est équivalent au système proposé.*

On arrive à la suite de ces éliminations à un système de n *équations à* n *inconnues équivalent au proposé, dont la dernière ne contient qu'une inconnue et dont chacune des autres contient plus spécialement une inconnue du système proposé; de telle sorte que, partant de la dernière, on fera de proche en proche le calcul de toutes les inconnues.*

Soit proposé le système :

$$-2x + 3y + 4z = 10,$$
$$3x - 4y + 2z = 39,$$
$$4x + 2y - 3z = -17.$$

Éliminant x entre la première équation et chacune des deux autres, on formera le système équivalent :

$$-2x + 3y + 4z = 10,$$
$$y + 16z = 108,$$
$$8y + 5z = 3.$$

Éliminant y entre les deux dernières, on obtient le système équivalent :

$$-2x + 3y + 4z = 10,$$
$$y + 16z = 108,$$
$$123z = 861.$$

Duquel on tire de proche en proche,

$$z = 7,$$
$$y = -4,$$
$$x = 3.$$

§ III. — Problèmes du premier degré.

37. — La résolution des problèmes par l'algèbre comprend en général : 1° *la mise du problème en équation;* 2° *la résolution des équations;* 3° *la discussion des solutions.* La résolution des équations ne va pas nous occuper spécialement ici ; nous avons déjà vu celle des équations du premier degré, nous étudierons bientôt celle de l'équation du second degré. Ce que nous savons déjà nous suffit pour faire connaître le rôle de l'algèbre dans la résolution des problèmes, et ce que nous dirons ici, bien que spécial aux problèmes du premier degré, sera susceptible de généralisation.

Mise en équation. — Les quantités connues et les quantités inconnues d'un problème sont liées par des conditions résultant de règles établies par l'usage ou de la nature même des grandeurs considérées. Ces conditions s'expriment le plus ordinairement par des égalités, quelquefois par des inégalités. Nous ne traitons d'une manière générale que de ce qui concerne les problèmes fournissant des égalités. Pour mettre un problème en équation, on se pénétrera d'abord de l'énoncé, puis on fera choix des inconnues, et on les représentera par des lettres (le plus souvent les dernières de l'alphabet), enfin on écrira en langage algébrique l'énoncé du problème. Ceci revient encore à indiquer les opérations que l'on ferait si, connaissant les valeurs des inconnues, on voulait vérifier qu'elles satisfont au problème.

La seule difficulté que présente la résolution des problèmes par l'algèbre est la mise en équation. Il suffira d'apprendre la résolution d'un système d'équations et de se convaincre de la rigueur des procédés employés pour cette résolution ; alors on pourra traiter les problèmes qui dépendent de ce système. Sans le secours de l'algèbre, chacun de ces problèmes demanderait une plus grande sagacité ; il faudrait, en effet, pour les résoudre procéder à une élimination mentale, prendre des considérations plus ou moins explicites dans l'énoncé, et les difficultés seraient encore accrues par le nombre des inconnues et le *degré* du problème. Les difficultés sont donc en quelque sorte soulevées, une fois pour toutes, en ce qui concerne chaque degré, quand on possède la résolution des équations de ce degré. La résolution directe des problèmes est sans doute un exercice intellectuel très-important ; l'algèbre n'en a pas moins la propriété spéciale de *simplifier la résolution des questions*. D'ailleurs il est possible de retrouver sur les équations toute autre voie que l'on pourrait suivre.

Ces réflexions ont leur application dans les exemples usuels suivants :

(**a**) *La somme de deux nombres égale* **223**, *leur différence égale* **54** ; *quels sont ces deux nombres ?*

Mise en équation. — Soient x le plus grand nombre et y le plus petit ;

$$x + y = 223,$$
$$x - y = 54,$$

sont les équations qui expriment l'énoncé fait en langage ordinaire.

Résolution. — La méthode de réduction est recommandée pour l'élimination de y, qui a dans les équations des coefficients égaux en valeur absolue, mais de signes contraires

En additionnant, on a $2x = 223 + 54$.

Solution:

$$x = 138,50,$$
$$y = 84,50.$$

(**b**) *Un père est âgé de 45 ans, son fils a 12 ans. Dans combien de temps l'âge du fils sera-t-il les $\frac{2}{5}$ de celui du père ?*

Mise en équation. — Soit x le temps demandé. A l'époque indiquée, le père sera âgé de $45 + x$ ans, et son fils de $12 + x$. On a donc l'équation :

$$\frac{2}{5}(45 + x) = 12 + x.$$

Résolution :

$$90 + 2x = 60 + 5x.$$
$$5x - 2x = 90 - 60.$$

Solution :

$$x = 10 \text{ ans.}$$

(**c**) *Quelle est la somme qui, placée à 4 1/2 0/0 par an, est devenue au bout de sept mois 1642 fr., capital et intérêt réunis ?*

Mise en équation. — Soit x la somme cherchée. 1 franc placé à 4 1/2 0/0 par an devient au bout de 7 mois $1 + \frac{4\frac{1}{2}.7}{1200} = 1 + \frac{3.7}{2.400}$. Donc la somme x est devenue

$x \left(1 + \dfrac{3.7}{2.400}\right)$. L'énoncé est donc contenu dans l'équation :

$$x \left(1 + \frac{3.7}{2.400}\right) = 1642.$$

Résolution :

$$x \, (800 + 21) = 1642.800.$$
$$x = 1600.$$

C'est encore la *valeur actuelle* d'un billet dont la *valeur nominale* est 1642, et qui n'est payable que dans 7 mois; l'escompte étant, par supposition, de 4 1/2 0/0 par an.

(d) *Partager entre quatre personnes et proportionnellement aux nombres 2, 5, 7, 8, la somme de 10,615 francs.*

Mise en équation. — Soient x, y, z, t, les parts. Les équations qui expriment l'énoncé sont :

$$x + y + z + t = 10615,$$

$$\frac{x}{2} = \frac{y}{5} = \frac{z}{7} = \frac{t}{8}.$$

Ces dernières égalités ne fournissent que trois équations distinctes. Toute autre égalité qu'on en tirerait serait une conséquence des trois équations adoptées et n'exprimerait par suite aucune condition nouvelle.

Résolution. — Lorsque des fractions sont égales, on obtient une fraction égale à chacune d'elles, en faisant la somme des numérateurs et la somme des dénominateurs

$$\frac{x}{2} = \frac{y}{5} = \frac{z}{7} = \frac{t}{8} = \frac{x + y + z + t}{2 + 5 + 7 + 8} = \frac{10615}{22}$$

d'où

$$x = \frac{965}{2} \cdot 2 = 965,$$

$$y = \frac{965}{2} \cdot 5 = 2412,5,$$

$$z = \frac{975}{2} \cdot 7 = 3377,5,$$

$$t = \frac{965}{2} \cdot 8 = 3860,$$

Vérification : $\overline{10615.}$

(e) *On ouvre une fontaine qui remplirait un bassin en 5 heures $\frac{1}{7}$, 5 minutes après on en ouvre une seconde qui remplirait ce bassin en 4 heures $\frac{1}{5}$, 10 minutes après on en ouvre une troisième qui remplirait le bassin en 3 heures $\frac{1}{2}$; au bout de combien de temps le bassin sera-t-il plein?*

Mise en équation. — Soit x le temps, en heures, écoulé depuis l'ouverture de la première fontaine jusqu'à l'époque où le bassin est plein. La première fontaine, remplissant le bassin en 5 h. $\frac{1}{7}$ ou $\frac{36}{7}$ d'h., remplirait $\frac{1}{36}$ du bassin en $\frac{1}{7}$ d'h., et $\frac{7}{36}$ en $\frac{7}{7}$ d'h. ou une heure. Elle coulera pendant x heures, elle remplira donc du bassin une fraction égale à $\frac{7}{36} x$. La seconde fontaine coulera pendant $x - \frac{1}{12}$ d'h., elle remplira donc $\frac{5}{11}\left(x - \frac{1}{12}\right)$. La troisième fournira $\frac{2}{7}\left(x - \frac{1}{4}\right)$ du bassin. On a donc $\frac{7}{36} x + \frac{5}{21}\left(x - \frac{1}{12}\right) + \frac{2}{7}\left(x - \frac{1}{4}\right) = 1$ (un bassin).

Résolution :

$$\frac{7}{36}\,x + \frac{5}{21.12}\,(12\,x - 1) + \frac{2}{7.4}\,(4x - 1) = 1.$$

Chassons les dénominateurs (**29**); le plus petit commun multiple des dénominateurs est $2^2.3^2.7$.

$$7.7x + 5\,(12x - 1) + 3^2.2\,(4x - 1) = 2^2.3^2.7;$$

d'où
$$x = \frac{229}{181}\ \text{d'heures.}$$

(**f**) *Dans trois champs d'un même terrain dont les surfaces sont entre elles comme les nombres 5, 10, 1, on a creusé des fossés d'irrigation; la distance des fossés et leur profondeur sont, pour le premier champ, représentées par les nombres 4 et 7, pour le deuxième par les nombres 5 et 6, pour le troisième par les nombres 8 et 9. Le travail total a coûté 4650 fr.; combien a-t-on dépensé pour chaque champ?*

Mise en équation. — Soient x, y, z les dépenses cherchées. De la première dépense x, je déduis celle qui serait relative à un champ dont la surface, représentée par 1, recevrait des fossés ayant une profondeur et une distance également représentées par l'unité. De la deuxième et de la troisième, je déduis la même chose, sous une forme différente. Les trois expressions algébriques ainsi obtenues sont égales. On a en définitive les équations suivantes :

$$\frac{x.4}{5.7} = \frac{y.5}{10.6} = \frac{z.8}{1.9}$$
$$x + y + z = 4650.$$

Résolution. — Même marche que pour le problème précédent.

$$\frac{x}{\frac{5.7}{4}} = \frac{y}{2.6} = \frac{z}{\frac{9}{8}} = \frac{x + y + z}{\frac{5.7}{4} + 2.6 + \frac{9}{8}} = \frac{8.4650}{175} = \frac{8.186}{7}$$

d'où

$$x = \frac{8.186}{7} \cdot \frac{5.7}{4} = 1860,$$

$$y = \frac{8.186}{7} \cdot 12 = 2550,86,$$

$$z = \frac{8.186}{7} \cdot \frac{9}{8} = 239,14$$

Vérification : $\overline{\quad 4650. \quad}$ francs.

38. — Dans la mise en équation des problèmes, les signes $+$ et $-$ ont reçu la signification qu'ils ont en arithmétique. Mais dans la résolution des équations ils ont été employés avec leur signification générale algébrique. Les opérations que nous avons faites sur les équations sont plus générales que celles de l'arithmétique; elles amèneront, ainsi que nous l'avons vu, une solution des équations. Cette solution conviendra-t-elle toujours au problème? Les nombres choisis dans les exemples précédents ont donné des solutions positives pour les équations, solutions qui satisfont parfaitement aux énoncés. Qu'indiquerait une solution négative des équations?

Un père est âgé de 52 ans et son fils de 17 ans, dans combien de temps l'âge du fils sera-t-il les $\frac{3}{10}$ de l'âge de son père?

Si x a la même signation que dans le problème (**b**) on a :

$$(1) \qquad \frac{3}{10}(52 + x) = 17 + x;$$

équation satisfaite par $x = -2$. C'est donc dans -2 ans, pour répondre directement aux termes du problème, que l'âge du fils sera les $\frac{3}{10}$ de l'âge de son père. Une telle réponse est inadmissible ; d'ailleurs, 17 ans est plus **grand** que $\frac{3}{10}$ de 52 ans, donc l'époque où l'âge du fils est les $\frac{3}{10}$ de l'âge du père est passée.

Remarquons d'autre part que, si je change x en $-x$ dans l'équation (1), la nouvelle équation $\frac{3}{10}(52 - x) = 17 - x$ admet la solution $x = 2$. Cette équation répond à l'énoncé suivant :

Un père est âgé de 52 ans, son fils de 17 ans ; combien y a-t-il de temps que l'âge du fils égalait les $\frac{3}{10}$ *de l'âge du père ?* Cette question a effectivement pour solution 2 ans.

Un même énoncé peut comprendre ces deux cas particuliers :

Un père est âgé de 52 ans, son fils de 17 ans ; à quelle époque l'âge du fils est-il les $\frac{3}{10}$ *de l'âge du père ?* Dans cet énoncé la question du passé ou de l'avenir est réservée ; il admettra suivant le cas une solution positive ou une solution négative ; mais alors comment mettre le problème en équation ? Dans l'ignorance où nous nous trouvons, par suite de la généralité de l'énoncé, nous ferons une hypothèse qui particularise la question. Ainsi, supposons que c'est dans l'avenir que l'on doit compter le temps demandé, cela revient en définitive à supposer le premier des trois énoncés que nous venons de donner, et l'équation qui résulte de cette hypothèse est

$$(1) \qquad \frac{3}{10}(52 + x) = 17 + x ;$$

elle a pour solution -2. Cette quantité négative ne provient plus de l'énoncé, car il est évident qu'il y a une époque où l'âge d'un fils peut être les $\frac{3}{10}$ de l'âge de son père. Conservons donc cet énoncé. Changeons dans l'équation (1) x en $-x$, elle devient l'équation

$$\frac{3}{10}\,(52 - x) = 17 - x$$

que l'on aurait obtenue, en supposant que l'époque cherchée est dans le passé. Cette équation admet la solution $x = 2$, qui indique, d'après les termes de l'énoncé et de l'hypothèse nouvelle, qu'il y a déjà deux ans écoulés depuis l'époque cherchée.

Si je dis : *l'âge d'un père est* A, *celui de son fils est* B, *à quel époque l'âge du père égale-t-il* m *fois l'âge de son fils?* J'aurai l'équation

$$m\,(A + x) = B + x,$$

en faisant l'hypothèse que l'époque demandée a lieu vers l'avenir. Cette équation répondra à tous les états de la question déterminés par les nombres A, B, m, pourvu qu'on regarde une solution négative comme comptée vers le passé, la solution supposée positive étant comptée vers l'avenir.

(g) Autre exemple. *Deux courriers partent à la même heure de deux points* A *et* B, *situées à une distance de* 15 *kilom. et vont dans le même sens* AB. *Le premier fait* 7 *kilom. à l'heure, le second en fait* 10; *à quelle distance du point* A *se rencontreront-ils?*

<pre>
 —|——————————|————————————————|————————|—
  R'   A   B.   R
</pre>

Soit R le point de rencontre et soit x la distance de R au point A. Les deux courriers mettront le même temps pour aller de leur point de départ respectif au point R.

Ce temps est égal pour chaque mobile à la distance qu'il doit parcourir divisée par la vitesse. On a donc

$$(1) \qquad \frac{x}{7} = \frac{x - 15}{10}.$$

Cette équation admet la solution $x = -35$.

Ce qui signifie que les courriers ne se rencontrent pas à droite de leurs points de départ.

Supposons que ce soit en R′ à gauche de A que la rencontre a lieu, et appelons x la distance R′A. Cela revient à résoudre la question suivante.

Deux courriers passent *à la même heure par deux points* A *et* B *situés... A quelle distance du point* A *se sont-ils rencontrés ?*

Ce problème donne lieu à l'équation

$$\frac{x}{7} = \frac{x + 15}{10},$$

que l'on aurait obtenue en changeant le signe de x dans l'équation (1). Cette équation admet la solution $x = +35$.

Un même énoncé peut comprendre ces deux cas particuliers d'une même question :

Deux courriers passent *à la même heure par deux points* A *et* B *situés... A quelle distance du point* A *se rencontrent-ils ?* Dans cet énoncé, la question du sens de la rencontre est réservée ; il admettra suivant le cas une solution positive ou une solution négative. Mais pour mettre le problème en équation, il sera nécessaire de faire arbitrairement une hypothèse sur la position du point de rencontre.

Supposons qu'il est à droite de A, l'équation du problème est

$$\frac{x}{7} = \frac{x - 15}{10}.$$

Elle admet une solution négative $x = -35$. Mais elle ne provient plus de l'énoncé qui est aussi général que possible et les courriers marchant inégalement doivent se rencontrer quelque part sur la route qu'ils parcourent. Mais si nous changeons le signe de x, ce qui revient à supposer que les courriers se rencontrent à gauche de A, l'équation du problème est

$$\frac{x}{7} = \frac{x + 15}{10};$$

elle admet la solution $x = 35$.

Si je dis : *Deux courriers passent à la même heure par deux points A et B situés à une distance d l'un de l'autre, et vont dans le sens A B. Le premier fait m kilom. à l'heure, le second n kilom. A quelle distance du point A se rencontrent-ils?* j'aurai l'équation

$$\frac{x}{m} = \frac{x - d}{n},$$

en faisant l'hypothèse que la rencontre a lieu à droite de A. Cette équation répondra à tous les états de la question déterminés par les nombres m, n, d, pourvu qu'on regarde une solution négative comme comptée de A vers la gauche, la solution supposée positive étant comptée vers la droite depuis A.

Toutes les solutions négatives ne peuvent s'interpréter aussi facilement ou du moins ne peuvent toujours convenir à un état déterminé de la question.

(h) *On a 15 kilos d'alliage au titre 0,750 ; combien faudrait-il y ajouter d'un alliage au titre 0,650, pour obtenir un alliage au titre 0,900 ?*

Le titre indique la quantité de métal fin pour l'unité de poids d'un alliage. Soit x le nombre de kil. au titre 0,650 qu'il faut ajouter aux 15 kil. au titre 0,750. Les 15 kil. contiennent 15.0,750 de métal fin, les x kil. au titre 0,650, en contiennent x.0,650, l'alliage que l'on désire en contiendra $(15 + x)\,0,900$. Or, la quantité de métal fin de ce dernier, lui étant fournie par les 15 kil. à 0,750 et par les x kil. à 0,650, on a l'équation

$$(15 + x)\,90 = 15.75 + x.65,$$

qui admet la solution $x = -9$.

L'énoncé nous avertissait de l'impossibilité puisque les deux alliages proposés sont moins riches que celui que l'on désire obtenir en les unissant. En interprétant cette solution de la même manière que les précédentes, elle indique que de l'alliage à 0,750, il faudrait retrancher 9 kil. d'un alliage au titre 0,650. Personne n'ignore que cette opération n'est pas matériellement l'inverse de celle que l'énoncé propose ; par conséquent le problème posé doit être considéré comme impossible, on devra chercher une autre voie pour se procurer l'alliage demandé.

Les quantités négatives proviennent donc d'une hypothèse fausse de l'énoncé que l'on a suivie dans la mise en équation ; ou bien elles proviennent d'une hypothèse fausse adoptée pour la mise en équation, alors que l'énoncé ne renfermait rien sur le sens des inconnues. L'énoncé d'une question ne devrait contenir aucune supposition prématurée sur les inconnues quand les grandeurs dont on s'occupe sont susceptibles d'être comptées dans deux sens, et dans ce cas, pour la mise en équation, on supposera les inconnues positives. Il suffira pour répondre à la question d'interpréter la solution en introduisant la signification due au signe.

39. — Nous avons vu que l'algèbre simplifie la résolution des questions, nous voyons maintenant quelle en généralise la solution. D'après ce que nous venons de dire, il est si facile d'interpréter les solutions qu'un problème peut-être traité indépendamment de toutes données particulières. On représentera par des lettres les quantités de l'énoncé qui sont indiquées comme étant connues, et on raisonnera sur ces lettres comme on le ferait sur les nombres qu'elles peuvent représenter. La résolution des équations fournit alors pour les inconnues des solutions littérales où il n'y aura qu'à remplacer les lettres par les nombres qu'elles représentent dans chaque cas particulier.

Ces expressions littérales qui expriment la solution générale d'un problème s'appellent formules. Toute formule doit être retenue dans sa forme algébrique et dans son énoncé en langage ordinaire. L'unité, le sens de la grandeur représentée par chaque lettre doivent être indiqués sans ambiguïté. Pour éviter des erreurs on appliquera scrupuleusement toute formule dans la forme qu'on lui a donnée.

L'équation

$$\frac{x}{m} = \frac{x - d}{n}$$

est l'équation fournie par le problème **(g)** **(38)**, en prenant le dernier énoncé. La formule donnée par la résolution de cette équation est

$$x = \frac{m \cdot d}{m - n}$$

Nous avons supposé que les vitesses m et n des courriers sont dirigées dans le même sens ; mais il pourrait en être autrement. Or, *une formule exprime la loi qui lie entre elles les grandeurs d'un problème*, de sorte que l'inconnue peut-être choisie arbitrairement parmi ces grandeurs, en supposant toutes les autres connues. Les réflexions que l'on fait sur les unes, relativement à leur degré, sont les mêmes pour les autres. En particulier, pour toute *donnée* qui entre au premier degré, on pourra, d'après nos conventions, regarder la lettre qui la représente comme exprimant une quantité positive ou négative, si toutefois les deux sens sont possibles. Une même formule peut alors exprimer la solution d'un problème dans tous les cas.

On peut dire que $x = \dfrac{md}{m - n}$ est la formule qui représente la solution du problème suivant : *deux courriers sont à la même heure en deux points A et B distants de* d. *Le premier fait* m *kilomètres à l'heure et le second en fait* n. *A quelle distance du point A se rencontrent-ils ?* En supposant que les quantités x, m, n, sont dans le sens de AB.

Appliquons cette formule à cette question particulière : deux courriers sont à la même heure aux points A et B, distants de 51 kil.; le premier fait 7 kil. à l'heure dans le sens AB, le second en fait 10 dans le sens BA ; à quelle distance du point A se rencontreront-ils ?

Il faut faire dans la formule, $d = 51$, $m = 7$, $n = -10$; d'où l'on tire :

$$x = \frac{7.51}{7 + 10} = 21$$

Autre exemple : *La somme de deux mombres égale* S, *leur différence égale* d ; *quels sont ces deux nombres ?*

Si x désigne le plus grand et y le plus petit,

$$x + y = S,$$
$$x - y = d.$$

D'où l'on tire, en résolvant **(a) (37)**,

$$x = \frac{S + d,}{2}$$

$$y = \frac{S - d.}{2}$$

Ce qui donne lieu à l'énoncé suivant de la solution de ce problème :

La plus grande quantité égale la demi-somme, plus la demi-différence ;

La plus petite égale la demi-somme, moins la demi-différence.

40. — Une équation du premier degré à deux inconnues admet une infinité de systèmes de valeurs correspondantes de x et de y qui satisfont à l'équation. Soit en effet l'équation

$$2x + 3y = 5.$$

Je la résous par rapport à y comme si x était connu.

$$y = \frac{5 - 2x}{3}.$$

Si on fait x égal successivement à 0, 1, 2, 3,.... on trouve pour les valeurs correspondantes de y

$$\frac{5}{3}, 1, \frac{1}{3}, -\frac{1}{3}, \dots$$

Un système de deux équations du premier degré entre trois inconnues x, y, z, admet également une infinité de systèmes de valeurs correspondantes de x, y, z qui satisfont aux deux équations. Si en effet on élimine une des inconnues entre les deux équations, on obtiendra une équation du premier degré à deux inconnues dont les groupes de valeurs, portés dans l'une des équations du système proposé, feront connaître la valeur correspondante à chacun d'eux de la troisième inconnue.

Plus généralement on pourra dans un système de m équations à $m + n$ inconnues attribuer arbitrairement des valeurs à n des inconnues. Il en résultera un système de m équations entre les m autres inconnues. Ce système fera connaître les valeurs de ces m inconnues, qui correspondent au système des n valeurs prises arbitrairement. Cette opération pourra être répétée indéfiniment ; on aura donc une infinité de systèmes de valeurs des inconnues satisfaisant au système des équations à $m + n$ inconnues.

Un système de n équations à n inconnues, où toutes les équations ne sont pas *distinctes*, est dans le cas des précédents, car il se réduit à un système contenant plus d'inconnues que d'équations.

Le système :

$$x + 2y + 3z = 10,$$
$$5x - y + 7z = 13,$$
$$- 2x + 7y + 2z = 17$$

est dans ce cas ; la première équation peut s'obtenir en additionnant membre à membre les deux autres et en divisant les deux membres par 3.

De tels systèmes s'appellent *indéterminés*. Les problèmes qui y donnent lieu s'appellent *problèmes indéterminés* ; ils contiennent en réalité moins de conditions à exprimer que de quantités inconnues.

(i). *On a du vin à 0,73 c., 0,80 c...... 0,95, c., 1 fr. 15 c...... le litre ; on désire faire de ces vins un mélange au prix de 0,90 c. le litre ; dans quelles proportions faut-il les mélanger ?*

Soient x, y,.... z, t,... les quantités respectives inconnues. Le prix du mélange égale la somme des prix des quantités qui le composent ; donc

$$(x + y... + z + t...) 90 = 73x + 80y... + 95z + 115t...$$

ou
$$(90 - 73)\, x + (90 - 80)\, y...$$
$$= (95 - 90)\, z + (115 - 90)\, t...$$

qui exprime que la perte faite sur le vin plus cher que le prix du mélange égale le gain fait sur le vin d'un prix inférieur. En définitive la seule équation que l'on obtienne est

$$(1) \qquad 17x + 10y... = 5z + 25t...$$

L'indétermination permet de profiter de circonstances variées. Supposons que l'on veuille employer 60 litres de vin à 0,80 c. ; 13 litres de vin à 0,95... ; il suffira de poser $y = 60$, $z = 13$,..., ce qui revient à introduire autant d'équations.

Le plus souvent on s'impose de prendre autant de chacun des vins à un prix inférieur et autant des vins à un prix supérieur à celui du mélange ; ce qui revient à introduire les équations

$$x = y = ...,$$
$$z = t = ... ;$$

et l'équation (1) se réduit à

$$(17 + 10...) \, x = (5 + 25....) \, z.,$$

qui indique dans quelle proportion on doit prendre de

chacun des vins à un prix inférieur et de chacun des vins à un prix supérieur.

Si en particulier il n'y a que deux vins, les quantités x et z sont en raison inverse du gain et de la perte effectués sur chacun d'eux respectivement.

On peut maintenant se proposer dans les deux derniers cas de former un mélange d'un volume donné, 250 litres, par exemple ; ce qui fournit l'équation

$$x + z = 250.$$

Le problème devient alors déterminé.

41. — Un système de $n + m$ équations distinctes à n inconnues est un système insoluble en général. Prenant en effet n des équations, on en déduira pour les n inconnues des valeurs qui ne sauraient satisfaire en général aux m autres équations.

Un système de n équations à n inconnues peut-être insoluble, c'est quand il renferme des équations *incompatibles* ; tel est, par exemple, le système

$$2x + 3y = 5,$$
$$4x + 6y = 15.$$

Si la première équation est vérifiée par des valeurs x et y, il est évident que $2(2x + 3y) = 3.5$ ne le sera pas ; or ce n'est autre chose que la seconde équation. Ce système est fourni par un problème qui renferme une *hypothèse absurde*, une hypothèse en contradiction avec d'autres hypothèses de l'énoncé. Reprenons l'équation

$$\frac{x}{m} = \frac{x - d}{n} \quad \text{ou} \quad x = \frac{m.\,d}{m - n}$$

du problème (g). Supposons que $m = n$, on déduit

$x = \dfrac{m.\,d}{0}$, valeur qui n'offre d'abord aucun sens et ne peut

être admise comme solution. Or, en supposant que $m = n$, on exprime que les courriers ont une égale rapidité et il est certain qu'il serait alors ridicule de demander le point où ils se rencontreront, puisqu'ils vont dans le même sens. On apercevra facilement d'ailleurs que plus la différence entre m et n sera petite, plus le point de rencontre sera loin du point A.

Considérons des expressions telles que :

$$\dfrac{3}{\frac{1}{10}} \text{ ou } 3 : \dfrac{1}{10} = 30,\ \dfrac{3}{\frac{1}{10^2}} = 300,\ \dfrac{3}{\frac{1}{10^3}} = 3000,\ldots$$

Plus le diviseur diminue, plus le quotient augmente ; et, si le diviseur devient plus petit que toute grandeur donnée, le quotient devient plus grand que toute grandeur donnée. Ce quotient finit par dépasser toute quantité que nous pouvons mesurer, toute quantité susceptible d'une représentation dans notre esprit. En supposant le dénominateur nul, on a cette *limite* à laquelle on a donné le nom d'*infini*, que l'on représente par $\dfrac{A}{0}$ ou par le signe ∞. Lorsque la solution d'un problème se présentera sous cette forme, on dira que le problème n'a pas de solution.

§ IV. — Formules générales de la résolution d'un système de deux équations du premier degré à deux inconnues.

42. — Un système de deux équations du premier degré à deux inconnues peut être représenté en général par

$$ax + by = c,$$
$$a'x + b'y = c'.$$

Par une quelconque des méthodes que nous avons exposées pour l'élimination (**33, 34, 35**), on obtiendra les expressions suivantes :

$$x = \frac{cb' - bc'}{ab' - ba'},$$

$$y = \frac{ac' - ca'}{ab' - ba'}.$$

Remarquons que le dénominateur de x est le même que celui de y. Pour obtenir ce dénominateur on permute les lettres a et b, on obtient ab, ba ; on accentue la seconde lettre de chaque produit et on met le signe — devant le deuxième. Pour avoir le numérateur de l'expression de l'une des inconnues, on le compose du dénominateur commun, dans lequel on remplace chacun des coefficients de l'inconnue par le terme du second membre correspondant à ce coefficient dans les équations.

D'après la manière même dont nous avons obtenu x et y, on voit qu'un système d'équations du premier degré n'a qu'un système de solutions (**33, 34, 35**).

Dans ces formules il n'y aura qu'à remplacer les lettres par les nombres positifs ou négatifs qu'elles représentent dans chaque système en particulier, et on aura les valeurs de x et de y qui satisfont à ce système. Il n'y a aucune observation à faire sur les solutions négatives, car elles proviennent des conventions que nous avons adoptées dans ce calcul algébrique, appliqué dans toute sa généralité à la résolution d'équations considérées indépendamment de tout problème particulier.

43. — Mais il est important d'étudier les expressions de la forme $\frac{A}{0}$ $\frac{0}{0}$, qui peuvent se présenter comme solution.

Si l'une des inconnues, x, par exemple, est de la forme

$\frac{A}{0}$, l'autre, y, est de la même forme. Pour que x soit de

la forme $\frac{A}{0}$, il faut que l'on ait $ab' - ba' = 0$ et $cb' - bc'$

différent de zéro. L'égalité $ab' - ba' = 0$ donne $\frac{a}{a'} = \frac{b}{b'}$;

de ce que $cb' - bc'$ n'égale pas zéro, $\frac{c}{c'}$ n'égale pas $\frac{b}{b'}$, et

et par suite $\frac{c}{c'}$ n'égale pas $\frac{a}{a'}$, ou $ac' - ca'$ n'égale pas zéro.
Or c'est précisément le numérateur de y ; donc y est de la

forme $\frac{A}{0}$ aussi bien que x.

De pareilles solutions proviennent d'*équations incompa-*
tibles. En effet $\frac{a}{a'} = \frac{b}{b'} = m$, m exprimant la valeur du rap-

port. $a = a'm$, $b = b'm$. $\frac{c}{c'}$ n'est pas égal à m, puisqu'il

n'égale pas $\frac{a}{a'}$; je puis écrire $\frac{c}{c'} = m'$, m' était différent de

m ; on a donc $c = c'm'$. Dans l'équation $ax + by = c$ je
remplace a, b, c, par leurs valeurs $a'm$, $b'm$, $c'm'$, et j'obtiens $m (a'x + b'y) = m'c'$; ce qui n'est autre autre chose
que l'équation $a'x + b'y = c'$ dont on aurait multiplié les
deux membres par des nombres différents, opération qui
n'est pas permise (**29**) ; donc le système est absurde.

44. — Si l'une des inconnues, x, par exemple, est de
la forme $\frac{0}{0}$, y est de la même forme. Pour que x soit de la

forme $\frac{0}{0}$, il faut que l'on ait à la fois $ab' - ba' = 0$ et

$cb' - bc' = 0$, ou $\frac{a}{a'} = \frac{b}{b'}$ et $\frac{c}{c'} = \frac{b}{b'}$. Il en résulte $\frac{a}{a'} = \frac{c}{c'}$ et par suite $ac' - ca' = 0$; ce qui indique précisément que le numérateur de y est nul, et par suite que y est de la forme $\dfrac{0}{0}$ aussi bien que x.

Quand les solutions sont de la forme $\dfrac{0}{0}$, on peut écrire $\dfrac{a}{a'} = \dfrac{b}{b'} = \dfrac{c}{c'} = m$, en appelant m la valeur du rapport. Ceci donne $a = a'm$, $b = b'm$, $c = c'm$; remplaçons a, b, c de la première équation par $a'm$, $b'm$, $c'm$, cette équation devient

$$m\,(a'x + b'y) = mc',$$

ce qui n'est autre chose que la seconde, dont on aurait multiplié les deux membres par une même quantité. Il en résulte que les deux équations ne sont pas *distinctes*, qu'elles se réduisent à une seule, puisque la première sera satisfaite par les valeurs correspondantes de x et de y, qui identifient les deux membres de la deuxième équation. Le système, se réduisant à une équation à deux inconnues, admet donc une infinité de solutions (**40**). $\dfrac{0}{0}$ est le signe de *l'indétermination*.

$$\left. \begin{aligned} 2x - 5y &= 7 \\ -2x + 5y &= 7 \end{aligned} \right\} \quad x \text{ et } y \text{ de la forme } \frac{A}{0}.$$

$$\left. \begin{aligned} 2x - 5y &= 7 \\ 6x - 15y &= 14 \end{aligned} \right\} \quad x \text{ et } y \text{ de la forme } \frac{A}{0}.$$

$$\left. \begin{aligned} 2x - 5y &= 7 \\ 6x - 15x &= 21 \end{aligned} \right\} \quad x \text{ et } y \text{ de la forme } \frac{0}{0}.$$

$$\left. \begin{aligned} 2x - 5y &= 7 \\ 6x + 10y &= 21 \end{aligned} \right\} \quad y = 0,\ x = \frac{7}{2}.$$

CHAPITRE III.

ÉQUATIONS DU SECOND DEGRÉ.

---

§ Ier. — Carré et racine carrée.

45. — Le carré d'un nombre positif ou négatif est un nombre positif. Car le produit de deux facteurs qui ont le même signe est précédé du signe $+$. $(-4)^2 = (-4)(-4) = 16$, aussi bien que $(+4)^2 = 16$.

L'extraction de la racine carrée étant l'opération contraire de l'élévation au carré, la racine carrée d'un nombre positif a deux valeurs égales mais de signes contraires. En effet, cette opération *pour avoir toute sa généralité* doit reproduire tout nombre dont le carré égale celui dont on extrait la racine.

$\sqrt{16} = \pm 4$, car $(-4)^2$ et $(+4)^2$ égalent 16.

Pour extraire la racine carrée d'un nombre positif on prend la racine carrée arithmétique de ce nombre considéré en valeur absolue et on donne au résultat le signe $\pm$. Il est inutile de mettre le signe $\pm$ devant le radical ; $\pm\sqrt{4} = \pm 2$ ne donne que deux valeurs $\sqrt{4} = \pm 2$, car il n'y a qu'en prenant deux signes contraires dans les deux membres que l'on obtient deux valeurs distinctes. On ne met de double signe devant le radical que si l'on n'effectue pas la racine, tout en désirant d'indiquer les deux valeurs de cette racine.

46. — La racine carrée d'un nombre négatif n'est ni un nombre positif, ni un nombre négatif. Les nombres **négatifs** élevés au carré reproduiraient des nombres positifs, tandis que celui dont on se propose d'extraire la racine est né-gatif. Les algébristes ont tiré parti des nouveaux nombres de la forme $\sqrt{-12}$, qui ne sont ni positifs ni négatifs, de même qu'ils ont tiré parti d'expressions telles que $11-17$. Les nombres tels que $\sqrt{-12}$ ont été appelés *imaginaires*, alors qu'on ne savait comment les employer ; par contre tout nombre positif ou négatif est dit nombre *réel*.

Au point de vue du calcul, on convient de représenter un nombre imaginaire par la racine arithmétique du nombre placé sous le radical, multipliée par le facteur $\sqrt{-1}$. Ainsi $\sqrt{-9} = 3\sqrt{-1}$; $\sqrt{-12} = 3,46\ldots\sqrt{-1}$. Au point de vue géométrique on convient de regarder $\sqrt{-1}$ *comme le signe de la perpendicularité* ; c'est-à-dire que les nombres affectés du signe $\sqrt{-1}$ sont comptés sur une direction perpendiculaire à celle que l'on a adoptée pour y compter les quantités positives et les quantités négatives. Un nombre imaginaire tel que $3 + 5\sqrt{-1}$, qui se com-pose d'une partie réelle 3 et d'une partie imaginaire $5\sqrt{-1}$, sera représenté par l'hypoténuse d'un triangle rectangle dont les côtés seraient $+3$, compté sur la direction des quantités réelles, et $+5$, compté sur une direction perpen-diculaire. Les opérations sur les quantités imaginaires n'ont pas besoin d'être définies ici, puisque dans cet ouvrage nous mettrons de côté toutes les questions relatives à ces quantités.

Au cours de ce traité une lettre représentera toujours

une quantité réelle, c'est-à-dire un nombre positif ou un nombre négatif ; a^2 *sera le symbole d'un nombre essentiellement positif,* — a^2 *le symbole d'un nombre essentiellement négatif, et par suite* $\sqrt{-a^2}$ *représentera une quantité imaginaire.*

47. — *Pour élever un monôme au carré il suffit d'élever le coefficient au carré et de doubler les exposants.* $(-3a^3b)^2$ $= 9a^6b^2$. Cette règle résulte immédiatement des règles de la. multiplication (**21**) parce que

$$(-3a^3b)^2 = (-3a^3b)(-3a^3b).$$

Il est facile de généraliser cette règle ; par exemple

$$(-3a^3b)^3 = -27a^9b^3.$$

Pour extraire la racine carrée d'un monôme, il suffira d'extraire la racine carrée du coefficient, de diviser les exposants par deux et de mettre le double signe $\pm$ *devant le résultat.* Il s'agit ici d'un monôme dont les exposants sont pairs et qui est précédé du signe $+$.

$$\sqrt{9a^6b^2} = \pm\, 3a^3b; \quad \sqrt{21a^4b^2} = \pm\, \sqrt{21}\, a^2b$$

Lorsque l'opération de l'extraction de la racine carrée algébrique ne peut être pratiquée exactement, on se contente de l'indiquer. C'est ce qui a lieu quand les exposants des lettres sont impairs. L'expression que l'on obtient s'appelle un *radical.*

Pour faire entrer sous le radical un facteur qui est en dehors il suffit d'élever ce facteur au carré puis d'écrire le résultat sous le radical. Ainsi $3\,a\,\sqrt{ab^3} = \sqrt{9a^3b^3}$. En effet, élevons les deux nombres au carré, on a

$$(3a\,\sqrt{ab^3})^2 = (\sqrt{9a^3b^3})^2.$$

Mais $\left(\sqrt{9a^3b^3}\right)^2 = 9a^3b^3$ par définition.

$\left(3a\sqrt{ab^3}\right)^2 = 3a\sqrt{ab^3}.\ 3a\sqrt{ab^3} = 3a.3a\left(\sqrt{ab^3}\right)^2,$ en changeant convenablement de place les facteurs, et par suite

$$\left(3a\sqrt{ab^3}\right)^2 = 9a^2.\ ab^3 = 6a^3b^3.$$

Les deux nombres élevés au carré produisent la **même** quantité, ils étaient donc égaux avant cette opération.

Pour faire sortir du radical un facteur il faudra en extraire la racine carrée et l'écrire en dehors du radical. Cette opération est le contraire de la précédente.

$$\sqrt{216a^5b^2c^3} = 6a^2bc\sqrt{6ac}$$

Des *radicaux semblables* sont ceux qui portent sur la même expression algébrique.

48. — *Pour compléter le carré d'un binôme, étant donnés les deux premiers termes de ce carré, on divise le second par le double de la racine du premier, puis on élève au carré le quotient et on ajoute ce carré aux deux termes proposés.* Ceci résulte immédiatement de la composition du carré d'un binôme (**23**).

Si $3a^4b^4 - 5a^2bc$ sont les deux premiers termes d'un carré, on a

$$3a^4b^4 - 5a^2bc + \frac{25}{12}\frac{c^2}{b^2} = \left(\sqrt{3}a^2b^2 - \frac{5}{2\sqrt{3}}\frac{c}{b}\right)^2$$

§ II. — Résolution des équations du second degré à coefficients réels.

49. — *Soit à résoudre l'équation binôme* $x^2 - a^2 = 0$. Quel que soit x, $x^2 - a^2 = (x + a)(x - a)$, puisque ce produit égale la différence des carrés des quantités x et a **(23)**. Pour annuler ce produit, il suffit d'annuler l'un ou l'autre des facteurs. Il y aura donc deux manière d'annuler ce produit.

$$x + a = 0 \text{ donne } x = -a;$$
$$x - a = 0 \text{ donne } x = + a.$$

$x = -a$, $x = + a$ annulent donc le premier nombre de l'équation ; ce sont les solutions de cette équation. On les appelle *racines* de l'équation. *Une équation binôme a donc deux racines égales et de signes contraires.*

$x^2 - 9 = 0$ a pour racines $x' = + 3$, $x'' = -3$.

$x^2 - 5 = 0$ a pour racines $x' = + \sqrt{5}$, $x'' = -\sqrt{5}$.
$x^2 + 9 = 0$ a pour racines $x' = + \sqrt{-9}$, $x'' = -\sqrt{-9}$, mais elles sont imaginaires.

50. — Une *équation complète* du second degré a pour premier membre un trinôme complet du second degré, contenant par conséquent un terme en x^2 un terme en x et un terme en x^0 **(25)** ou indépendant de x. L'équation complète du second degré est donc de la forme $ax^2 + bx + c = 0$. On peut l'amener à avoir $+1$ pour coefficient du premier terme. Il suffit de diviser le premier membre par a, on a $x^2 + \dfrac{b}{a}x + \dfrac{c}{a} = 0$. En posant $\dfrac{b}{a} = p$, $\dfrac{c}{a} = q$, on obtient $x^2 + px + q = 0$.

Le trinôme du second degré peut, quel que soit x, *être mis sous la forme d'un produit de deux facteurs binômes du premier degré en* x, *dont le premier terme est* x *et dont le second est l'une des valeurs de* x *qui annulent le trinôme,* c'est-à-dire l'une des racines de l'équation du second degré obtenue en égalant le trinôme à zéro.

$$x^2 + px + q = \left(x + \frac{p}{2}\right)^2 - \left(\frac{p^2}{4} - q\right)$$

est une identité obtenue en ajoutant et en retranchant $\frac{p^2}{4}$ au trinôme $x^2 + px + q$, ce qui donne

$$x^2 + px + \frac{p^2}{4} - \frac{p^2}{4} + q,$$

et en remarquant que $\frac{p^2}{4}$ complète le carré $\left(x + \frac{p}{2}\right)^2$ (**48**) dont les deux premiers termes sont $x^2 + px$.

Si nous posons

$$\frac{p^2}{4} - q = a^2,$$

on a

$$x^2 + px + q = \left(x + \frac{p}{2}\right)^2 - a^2$$
$$= \left(x + \frac{p}{2} - a\right)\left(x + \frac{p}{2} + a\right),$$

car la différence des carrés de deux quantités $x + \frac{p}{2}$ et a égale le produit de la somme de ces deux quantités par leur différence (**23**). Enfin si $a^2 = \frac{p^2}{4} - q$ nous pouvons écrire

$a = \pm \sqrt{\frac{p^2}{4} - q}$, et par suite

(1)
$$x^2 + px + q$$
$$= \left(x + \frac{p}{2} - \sqrt{\frac{p^2}{4} - q}\right)\left(x + \frac{p}{2} + \sqrt{\frac{p^2}{4} - q}\right).$$

Il reste à faire voir que dans chaque facteur la quantité

ajoutée à x n'est autre chose qu'une racine de l'équation $x^2 + px + q = 0$. Pour annuler le produit, il suffit d'annuler successivement chacun des facteurs ; on a, suivant le facteur annulé :

$$x = -\frac{p}{2} + \sqrt{\frac{p^2}{4} - q},$$

ou

$$x = -\frac{p}{2} + \sqrt{\frac{p^2}{4} - q}.$$

L'équation du second degré a donc deux racines que je représente par x' et x'', et le trinôme du second degré peut, quel que soit x, être mis sous la forme $(x - x')(x - x'')$.

L'équation $x^2 + px + q = 0$ a donc pour racines

$$x' = -\frac{p}{2} + \sqrt{\frac{p^2}{4} - q},$$

$$x'' = -\frac{p}{2} - \sqrt{\frac{p^2}{4} - q}.$$

Dans ces deux formules on ne tient compte que de la valeur arithmétique de la racine carrée, puisqu'on a fait la distinction des signes.

Remarquons que $ax^2 + bx + c = a\left(x^2 + \frac{b}{a}x + \frac{c}{a}\right)$, puis opérant directement sur la quantité contenue dans la parenthèse ou bien dans le second membre en (1) remplaçant p par $\frac{a}{b}$ et q par $\frac{a}{c}$, on a successivement :

$$a\left(x^2 + \frac{b}{a}x + \frac{c}{a}\right)$$

$$= a\left(x + \frac{b}{2a} - \sqrt{\frac{b^2}{4a^2} - \frac{c}{a}}\right)\left(x + \frac{b}{2a} + \sqrt{\frac{b^2}{4a^2} - \frac{c}{a}}\right),$$

$$ax^2 + bx + c$$
$$= a\left(x + \frac{b - \sqrt{b^2 - 4ac}}{2a}\right)\left(x + \frac{b + \sqrt{b^2 - 4ac}}{2a}\right).$$

Les racines de l'équation $ax^2 + bx + c = 0$ ont pour expression

$$x' = \frac{-b + \sqrt{b^2 - 4ac}}{2a},$$

$$x'' = \frac{-b - \sqrt{b^2 - 4ac}}{2a},$$

51. — *Dans tout trinôme du second degré, où le coefficient de* x^2 *est* $+1$, *le coefficient du second terme égale la somme des racines du trinôme, égalé à zéro, prises en signe contraire, et le terme indépendant égale le produit des racines.*

$$x^2 + px + q = (x - x')(x - x'')$$

est une identité. Développons le second membre;

On a $x^2 - (x' + x'')x + x'x''$. En identifiant les deux membres, on a donc

$$p = -(x' + x''),$$
$$q = x'x''.$$

On pourrait d'ailleurs faire cette vérification en additionnant et en multipliant les valeurs de x' et x''.

$$x' + x'' = -\frac{p}{2} + \sqrt{\frac{p^2}{4} - q} - \frac{p}{2} - \sqrt{\frac{p^2}{4} - q} = -p.$$

$$x'.x'' = \left(-\frac{p}{2} + \sqrt{\frac{p^2}{4} - q}\right)\left(-\frac{p}{2} - \sqrt{\frac{p^2}{4} - q}\right)$$

$$= \left(-\frac{p}{2}\right)^2 - \left(\sqrt{\frac{p^2}{4} - q}\right)^2 = q. \qquad \textbf{(23)}$$

Si l'on considère l'équation du second degré sous la forme $ax^2 + bx + c = 0$, on a

$$x' + x'' = -\frac{b}{a}, \quad x'. \, x'' = \frac{c}{a}$$

Former l'équation du second degré dont les racines sont — 4 *et* + 6.

$$p = -(-4+6) = -2,$$
$$q = (-4)(+6) = -24$$

l'équation est donc $x^2 - 2x - 24 = 0$.

Former l'équation du second degré dont les racines sont égales à celles de l'équation $x^2 - 2x - 24 = 0$, *mais de signes contraires.* Puisqu'on change le signe de chacune des racines, leur produit ne change pas, mais leur somme change de signe. L'équation cherchée est donc

$$x^2 + 2x - 24 = 0.$$

Elle admet les racines + 4 et — 6.

52. — *Discussion des racines de l'équation du second degré.* En posant $\frac{p^2}{4} - q = \alpha^2$, nous avons supposé implicitement que $\frac{p^2}{4} - q$ est plus grand que zéro; mais il peut être encore ou égal à zéro ou plus petit que zéro. La discussion comprend ces trois cas principaux. Soit d'abord

$\frac{p^2}{4} - q > 0.$ Dans ce cas *les deux racines sont réelles*, car la quantité placée sous le radical est positive. *Le trinôme du second degré peut être mis sous la forme d'une différence de deux carrés dont l'un est variable.* Ceci est démontré au n° **50** où se trouve

$$x^2 + px + q = \left(x + \frac{p}{2}\right)^2 - \left(\frac{p^2}{4} - q\right)$$

$$= \left(x + \frac{p}{2}\right)^2 - a^2,$$

expression dans laquelle a est un nombre réel dont le carré, qui est positif, est supposé égal à $\frac{p^2}{4} - q$.

$\left(x + \frac{p}{2}\right)^2$ est nul pour $x = -\frac{p}{2}$; la valeur du trinôme $x^2 + px + q$ est alors $-a^2$. Pour toute autre valeur de x, le carré $\left(x + \frac{p}{2}\right)^2$ est positif, et de plus croissant quand x prend des valeurs de plus en plus grandes que $-\frac{p}{2}$ et aussi croissant quand x prend des valeurs de plus en plus petites que $-\frac{p}{2}$. Il y aura donc deux valeurs de x, l'une plus grande que $-\frac{p}{2}$, l'autre petite que $-\frac{p}{2}$, pour lesquelles $\left(x + \frac{p}{2}\right)^2$ sera égal à a^2 et par conséquent pour lesquelles le trinôme s'annulera.

$q < 0$. Si $q < 0$ l'équation du second degré a *toujours* ses deux racines réelles. En effet, $\frac{p^2}{4}$ est positif, c'est le carré d'un nombre réel;

$- q$ sera positif; donc $\dfrac{p^2}{4} - q$ est dans ce cas plus grand que zéro.

$$x^2 + 5x - 7 = 0$$

a deux racines réelles parce que le terme indépendant a le signe —.

Avec $q < 0$ les racines sont de signes contraires, puisque leur produit est négatif.

Si $p < 0$, la plus grande en valeur absolue est positive, puisque la somme des racines est positive.

Si $p > 0$, la plus grande en valeur absolue est négative, puisque la somme des racine est négative.

$q = 0$. L'une des racines est nulle. $x'\,x'' = q$, il faut que l'un des facteurs soit nul puisque $q = 0$. D'ailleurs, d'après les formules des racines (**50**),

$$x' = -\frac{p}{2} + \sqrt{\frac{p^2}{4}} = 0,$$

$$x'' = -\frac{p}{2} - \sqrt{\frac{p^2}{4}} = -p.$$

Lorsque $q = 0$ on peut dans l'équation proposée mettre x en facteur commun. Le produit qui en résulte peut être annulé de deux manières, dont l'une en égalant à zéro le facteur x.

$$x^2 + 5x = 0$$

donne $\quad (x + 5)\, x = 0;$

d'où $\quad\quad x = 0,$

$$x + 5 = 0 \text{ ou } x = -5.$$

Les racines sont $x' = 0,\ x'' = -5.$

$q > 0$. Les racines sont de même signe, puisque leur produit est positif.

$\left\{\begin{array}{l} \text{Si } p < 0,\ \text{les deux racines sont positives.} \\ \text{Si } p > 0,\ \text{les racines sont négatives.} \end{array}\right.$

$\dfrac{p^2}{4} - q = 0$. Ce caractère indique que les racines sont égales.

Dans ce cas, le trinôme du second degré se réduit à un carré parfait. En effet, l'identité

$$x^2 + px + q = \left(x + \frac{p}{2}\right)^2 - \left(\frac{p^2}{4} - q\right)$$

se réduit à

$$x^2 + px + q. = \left(x + \frac{p}{2}\right)^2,$$

puisque $\dfrac{p^2}{4} - q = 0$. Les deux racines sont égales à $-\dfrac{p}{2}$.

$\dfrac{p^2}{4} - q < 0$. Dans ce cas les deux racines sont imaginaires, puisque la quantité sous le radical
est négative. *Le trinôme du second degré
peut alors être mis sous la forme de la somme
de deux carrés.* En effet, a^2 ne peut, si a est
un nombre réel, représenter le nombre négatif
$\dfrac{p^2}{4} - q$; mais je puis écrire $\dfrac{p^2}{4} - q = -a^2$
et le trinôme peut-être mis sous la forme

$$x^2 + px + q = \left(x + \frac{p}{2}\right)^2 + a^2.$$

C'est donc la somme de deux carrés que l'on
se proposerait d'annuler en égalant à zéro le
trinôme. Mais il est évident que, quelle que
soit la valeur réelle attribuée à x, on ne sau-
rait avoir pour le carré $\left(x + \dfrac{p}{2}\right)^2$ qu'un nombre positif de telle sorte que la somme des
deux carrés

$$\left(x + \frac{p}{2}\right)^2 + a^2$$

ne peut-être annulé pour aucune valeur réelle
de x.

L'équation du second degré sous la forme

$$ax^2 + bx + c = 0$$

donne les caractères suivants : $b^2 - 4ac > 0$, racines
réelles; $b^2 - 4ac = 0$, racines égales; $b^2 - 4ac < 0$, racines imaginaires. Si les racines sont réelles et désignées
par x', x'', le trinôme $ax^2 + bx + c$ peut-être mis sous la

forme $a\,(x - x')\,(x - x'')$; si les racines sont égales, le trinôme peut-être mis sous la forme $a\left(x + \dfrac{b}{2a}\right)^2$; enfin si les racines sont imaginaires, le trinôme peut-être mis sous la forme de a qui multiplie la somme de deux carrés.

§ III. — Problèmes du second degré.

53. — Il n'y a rien à dire de plus sur la mise en équation que ce qui a été dit au n° **37**. La résolution des équations du second degré vient d'être étudiée. Ce qui se présente plus particulièrement à notre étude dans ce numéro, c'est la considération des solutions de l'équation du second degré étrangères au problème qui donne lieu à l'équation.

(J) *Quelle est la profondeur d'un puits, sachant qu'il s'écoule un temps t depuis l'instant où on laisse tomber une pierre jusqu'à l'instant où l'on perçoit le bruit du choc de la pierre contre le fond?*

Soit x la hauteur du puits; le temps que la pierre met à arriver au fond est $\sqrt{\dfrac{2x}{g}}$, le temps que le bruit du choc met à arriver à la partie supérieure est $\dfrac{x}{v}$, en appelant v la vitesse du son. L'équation qui exprime que t est égal à la somme des deux temps est

$$t = \frac{x}{v} + \sqrt{\frac{2x}{g}}.$$

Pour résoudre cette équation je chasse le radical, j'ordonne par rapport à x et je déduis la racine de l'équation du second degré qui en résulte. Ces opérations donnent successivement

$$\left(t - \frac{x}{v}\right)^2 = \frac{2x}{g}, \quad \frac{x^2}{v^2} - \left(\frac{2t}{v} + \frac{2}{g}\right)x + t^2 = 0,$$

$$x = \frac{\dfrac{t}{v} + \dfrac{1}{g} \pm \sqrt{\left(\dfrac{t}{v} + \dfrac{1}{g}\right)^2 - \dfrac{t^2}{v^2}}}{\dfrac{1}{v^2}}$$

La quantité placée sous le radical est évidemment positive, les racines sont réelles ; de plus leur produit $v^2 t^2$ et leur somme $v^2\left(\dfrac{2t}{v} + \dfrac{2}{g}\right)$ sont positifs, donc elles sont positives. Or on ne saurait admettre que deux profondeurs de puits répondissent à une même durée du phénomène que nous considérons. Remarquons que l'équation du problème est :

$$t - \frac{x}{v} - \sqrt{\frac{2x}{g}} = 0.$$

Or, en chassant le radical, on a formé l'équation :

$$\left(t - \frac{x}{v}\right)^2 = \left(\sqrt{\frac{2x}{g}}\right)^2 \text{ ou } \left(t - \frac{x}{v}\right)^2 - \left(\sqrt{\frac{2x}{g}}\right)^2 = 0,$$

ou encore :

$$\left(t - \frac{x}{v} - \sqrt{\frac{2x}{g}}\right)\left(t - \frac{x}{v} + \sqrt{\frac{2x}{g}}\right) = 0,$$

à laquelle on satisfera en posant :

$$(1) \qquad t - \frac{x}{v} - \sqrt{\frac{2x}{g}} = 0,$$

$$(2) \qquad t - \frac{x}{v} + \sqrt{\frac{2x}{g}} = 0.$$

La résolution de ces deux équations dépend de la même équation :

$$\frac{x^2}{v^2} - \left(\frac{2t}{v} + \frac{2}{g}\right) x + t^2 = 0 \, ;$$

mais il n'y a que la solution qui satisfait à (1) qu'il faut conserver. L'autre est étrangère. La solution du problème est :

$$x = \frac{\dfrac{t}{v} + \dfrac{1}{g} - \sqrt{\left(\dfrac{t}{v} + \dfrac{1}{g}\right)^2 - \dfrac{t^2}{v^2}}}{\dfrac{1}{v^2}},$$

pour laquelle $t - \dfrac{x}{v}$ est positif.

(**k**) *Partager une droite en moyenne et extrême raison,* c'est-à-dire partager une droite, de longueur a, en deux segments tels que le plus grand soit moyen proportionnel entre la droite entière et le plus petit segment.

Soit x le plus grand segment ; l'énoncé donne lieu à l'équation :

$$\frac{a}{x} = \frac{x}{a - x},$$

ce qui fournit l'équation du second degré :

$$x^2 + ax - a^2 = 0,$$

d'où :

$$x = a \, \frac{-1 + \sqrt{5}}{2} \cdot$$

Il est évident que la racine positive est la solution du problème. La racine négative est la solution d'un problème très-voisin du proposé. Changeons x en $- x$ dans l'équation $x^2 + ax - a^2 = 0$, on obtiendra :

$$x^2 - ax - a^2 = 0,$$

dont les racines sont égales et de signes contraires à celles de la précédente. On peut l'écrire sous la forme :

$$\frac{x}{a} = \frac{a}{x - a};$$

qui répond à l'énoncé suivant : *Trouver une ligne telle que sa plus grande partie* a *soit moyenne proportionnelle entre la ligne entière et sa plus petite partie.*

Ceci admet la solution :

$$x = a\,\frac{1 + \sqrt{5}}{2}.$$

54. — **(1)** *Déterminer sur l'alignement de deux foyers lumineux le point également éclairé par chacun d'eux.*

Soient m l'intensité du foyer placé à gauche et à partir duquel seront comptées les distances, supposées positives de gauche à droite, n l'intensité du foyer placé à droite. Désignons par d la distance des foyers et par x la distance du point cherché au foyer de gauche ; supposons enfin que ce point est entre les deux foyers. L'équation qui exprime que ce point est également éclairé par les foyers est :

$$\frac{m}{x^2} = \frac{n}{(d - x)^2};$$

d'où :

$$(m - n)\,x^2 - 2mdx + md^2 = 0,$$

et

$$x = d.\,\frac{m \pm \sqrt{mn}}{m - n}$$

En supposant que m est plus grand que n, on voit que le problème admet comme solution deux points dont l'un est entre les deux foyers et dont l'autre est au delà du foyer de droite. En effet, en s'éloignant vers la droite, le pouvoir éclairant diminue pour l'un et augmente indéfiniment pour l'autre (d'après la loi admise $\frac{1}{d^2}$), jusqu'à la distance de ce second foyer. Il est donc naturel de penser qu'il y a un point entre les deux où le pouvoir éclairant est le même. Au delà du foyer de droite, les deux pouvoirs vont sans cesse en diminuant; mais celui du second foyer diminue plus rapidement, il y aura un second point également éclairé par les deux lumières et placé au delà et à droite.

Si on suppose $m = n$, x se présente sous la forme $\frac{A}{0}$. Mais il n'y a qu'une seule racine qui soit en réalité infinie. En effet :

$$d.\,\frac{m - \sqrt{mn}}{m - n} = d.\,\frac{(m - \sqrt{mn})(m + \sqrt{mn})}{(m - n)(m + \sqrt{mn})}$$

$$= d.\,\frac{m}{m + \sqrt{mn}},$$

qui pour $m = n$ se réduit à $\frac{d}{2}$. D'ailleurs l'équation du problème se réduisait à $- 2\,mdx + md^2 = 0$ ou $- 2x + d = 0$. L'autre racine demeure *très-grande*. Ceci est parfaitement conforme à la question ; les deux lumières étant d'égale intensité, le point à égale distance de chacune peut seule être également éclairé.

(**m**) *La somme de deux nombres est égale à 17, leur produit est égal à 80; quels sont ces deux nombres?*

Si j'appelle x et y ces deux nombres, la solution du problème dépend des équations :

$$x + y = 17,$$
$$x.\,y = 80.$$

Les deux nombres cherchés x et y sont les racines de l'équation du second degré (**51**).

$$u^2 - 17u + 80 = 0.$$

$$u = \frac{17 + \sqrt{17^2 - 4.80}}{2}$$

La quantité placée sous le radical est négative, les racines sont imaginaires. Il n'y a donc pas de nombres réels dont la somme égale 17, et dont le produit égale 80. Le produit des deux nombres doit être inférieur à $\left(\dfrac{17}{2}\right)^2$ (voir n° **58**).

Si on propose : la somme de deux nombres égale 17, leur produit égale 50; le problème est possible. Les nombres demandés sont :

$$u = \frac{17 \pm \sqrt{17^2 - 200}}{2}$$

§ IV. — Équations de la forme $x^{2m} + px^m + q = 0$.

55. — *Par équation bicarrée il faut entendre une équation de la forme* :

$$x^4 + px^2 + q = 0.$$

Pour la résoudre, posons $x^2 = y$, d'où $x^4 = y^2$; l'équation proposée devient :

$$y^2 + py + q = 0,$$

dont les racines sont

$$y = -\frac{p}{2} \pm \sqrt{\frac{p^2}{4} - q}.$$

Si y' et y'' désignent ces racines, celles de l'équation bicarrée sont

$$x = \pm \sqrt{y'}, \qquad x = \pm \sqrt{y''}.$$

Les quatre racines peuvent être représentées par la formule

$$x = \pm \sqrt{-\frac{p}{2} \pm \sqrt{\frac{p}{4} - q}}.$$

L'équation bicarrée a donc quatre racines. Si $\frac{p^2}{4} - q < 0$, y' et y'' sont imaginaires et les quatre racines de l'équation bicarrée sont également imaginaires. Si $q < 0$, les racines y' et y'' sont réelles, mais de signes contraires ; dans ce cas, l'une étant positive et l'autre négative, l'équation bicarrée admet deux racines imaginaires et deux réelles. Si $\frac{p^2}{2} - q > 0$, y' et y'' sont réelles, mais il faut qu'elles soient positives pour que les quatre racines de l'équation bicarrée soient réelles ; il faut pour cela $p < 0$ et $q > 0$.

Avec $\frac{p^2}{4} - q > 0$ et $p > 0$, $q > 0$, y' et y'' seraient toutes les deux négatives, et par suite les racines de l'équation bicarrée seraient imaginaires.

$x^4 - 3x^2 + 4 = 0$, quatre racines imaginaires.

$x^4 - 3x^2 - 4 = 0$, deux racines imaginaires et deux réelles.

$- 3x^4 + 5x^2 - 1 = 0$, quatre racines réelles.

$3x^4 + 5x^2 + 1 = 0$, quatre racines imaginaires.

56. — On peut obtenir au moins deux des racines des équations de la forme $x^{2m} + px^m + q = 0$ par l'emploi de l'équation du second degré $y^2 + py + q = 0$, où $y = x^m$.

$$y = -\frac{p}{2} \pm \sqrt{\frac{p^2}{4} - q}.$$

$$x = \sqrt[m]{y} = \sqrt[m]{-\frac{p}{2} \pm \sqrt{\frac{p^2}{4} - q}}.$$

§ V. — Maxima et minima dépendants du second degré.

57. — *Par maximum, il faut entendre la valeur d'une grandeur plus grande que les valeurs voisines que peut prendre cette grandeur.* — *Par minimum il faut entendre la valeur d'une grandeur plus petite que les valeurs voisines que cette grandeur peut prendre.* — Un maximum peut être négatif ; d'après l'interprétation adoptée en algèbre pour l'expression *plus petit* (**13**), il suffira, en effet, que la valeur absolùe du maximum soit plus petite que les valeurs absolues des quantités voisines. De même un minimum pourra être une quantité négative ou une quantité positive suivant le cas.

Si on change le signe des valeurs d'une grandeur variable, celle qui était un maximum devient un minimum des nouvelles valeurs. Car celle des premières valeurs qui était plus grande que les voisines devient évidemment plus petite après le changement de signe. Inversement toute valeur qui était minimum devient maximum.

58. — (n) *Trouver le produit maximum de deux facteurs variables réels dont la somme égale 23.*

Soient x et y ces facteurs variables, m leur produit. x, y et m sont liées entre elles par les équations

$$x + y = 23, \quad xy = m.$$

Les deux facteurs sont dans les racines de l'équation

$$u^2 - 23u + m = 0,$$

dont les racines sont

$$u = \frac{23}{2} \pm \sqrt{\left(\frac{23}{2}\right)^2 - m}.$$

Les facteurs doivent être des nombres réels, ainsi que l'énoncé l'indique expressément. Il faut donc que les racines u soient réelles et pour cela la quantité placée sous le radical doit être plus grande que zéro. On a donc

$$\left(\frac{23}{2}\right)^2 - m > 0 \quad \text{ou} \quad m < \left(\frac{23}{2}\right)^2.$$

Le problème aura une solution réelle pour toutes les valeurs de m plus petites que $\left(\frac{23}{2}\right)^2$ et le maximum de $m = \left(\frac{23}{2}\right)^2$.

Dans ce cas les racines sont réelles et égales à $\frac{23}{2}$. *Donc le produit de deux facteurs variables, dont la somme est constante, est maximum et égal au carré de cette demi-somme quand les deux facteurs sont égaux entre eux à leur demi-somme.*

59. — *Trouver le maximum de l'expression*

$$y = ax^2 + bx + c.$$

Distinguons d'abord le cas où a représente un nombre positif. 1° $b^2 - 4ac > 0$, les racines de $ax^2 + bx + c = 0$ sont réelles et inégales et y peut être mis sous la forme $y = a(x - x')(x - x'')$ (**52**), ou bien, en changeant le signe d'un des facteurs, sans toutefois changer celui du produit,

$$y = -a(x' - x)(x - x'').$$

La somme des deux facteurs $x' - x$ et $x - x''$ est égale à $x' - x''$, quantité constante; le produit $(x' - x)(x - x'')$ sera maximum pour $x' - x = x - x'' = \frac{x' - x''}{2}$, d'où l'on déduit

$$x = \frac{x' + x''}{2} = -\frac{b}{2a}. \tag{50}$$

Remarquons que y est de signe contraire au produit

$$(x' - x)(x - x''),$$

puisque a représente un nombre positif; donc le maximum du produit répond au minimum de y (**57**).

2° Si $b^2 - 4ac = 0$, les racines sont égales, et y peut être mis sous la forme $y = a(x - x')^2$. La plus petite valeur du carré, qui demeure toujours positif, est zéro; elle répond à

$$x = x' = -\frac{b}{2a}. \qquad (50,52)$$

C'est le minimum de y puisque a représente un nombre positif.

3° Si $b^2 - 4ac < 0$, les racines sont imaginaires, y peut être mis sous la forme

$$y = a\left[\left(x + \frac{b}{2a}\right)^2 + \left(\frac{4ac - b^2}{4a^2}\right)\right]; \qquad (50,52)$$

c'est-à-dire sous la forme de a qui multiplie la somme de deux carrés. Cette somme sera toujours positive; elle sera minimum quand le carré variable sera nul, ce qui aura lieu pour $x = -\dfrac{b}{2a}$. Cela répond bien au minimum de y, puisque a représente un nombre positif.

Dans l'hypothèse où a représente un nombre négatif, on verra que y est susceptible d'un maximum qui répond encore à $x = -\dfrac{b}{2a}$.

En mettant le trinôme sous la forme

$$y = ax^2\left(1 + \frac{b}{x} + \frac{c}{x^2}\right)$$

on s'assure que, pour de grandes valeurs absolues de x, le trinôme aura toujours le signe de a, puisqu'il se réduit à ax^2 pour de grandes valeurs absolues de x et que x^2 est positif. On voit donc *à priori* que, si a est positif, les plus grandes valeurs de y sont positives, c'est-à-dire dans le sens algébrique des quantités *plus grandes*, et que par conséquent y ne peut être susceptible que d'un minimum. Au contraire si a est négatif, y ne peut-être susceptible que d'un maximum.

En résumé $y = ax^2 + bx + c$ est susceptible d'un minimum si a est positif et d'un maximum si a est négatif. Le maximum ou le minimum répondent à $x = \frac{1}{2}(x' + x'')$ $= -\frac{b}{2a}$, demi-somme des racines de l'équation

$$ax^2 + bx + c = 0,$$

et leur valeur est $y = a(x' - x'')^2 = \dfrac{b^2 - 4ac}{4a}$.

60. — *Un produit d'un nombre quelconque de facteurs réels variables, dont la somme est constante, est maximum quand tous ces facteurs sont égaux.*

Soient x, y, z, t, u... ces facteurs, tels que $x + y + z + t + u + ... = S$. Supposons que les facteurs y et z ne soient pas égaux, il sera possible de trouver un produit plus grand que $x.\,y.\,z.\,t.\,u... = P$. En effet, soient a et b les valeurs supposées de y et de z, pour un choix donné des facteurs. Si je remplace y et z par leur demi-somme, j'aurai encore

$$x + \frac{a+b}{2} + \frac{a+b}{2} + t + u + ... = S;$$

mais alors

$$x.\left(\frac{a+b}{2}\right)^2.\,t.\,u... > x.\,a.\,b.\,t.\,u...$$

puisque les deux facteurs y et z sont remplacés par leur demi-somme **(58)**.

Si au contraire, tous les facteurs du produit sont égaux, on ne saurait trouver un produit plus grand ; donc il est maximum et égal à $\left(\dfrac{S}{n}\right)^n$, en appelant n le nombre des facteurs.

61. — *Une expression de la forme* $x^m.y^n.z^p...$, *dont la somme des facteurs* x,y,z... *est constante, est maximum quand on a* $\dfrac{x}{m} = \dfrac{y}{n} = \dfrac{z}{p} = ...$

En effet,

$$x + y + z + ... = S$$

peut s'écrire identiquement

$$\frac{mx}{m} + \frac{ny}{n} + \frac{pz}{p} + ...$$

$$= \frac{x}{m} + \frac{x}{m} + \frac{x}{m} ... + \frac{y}{n} + \frac{y}{n} ... + \frac{z}{p}$$

où m facteurs sont égaux à $\dfrac{x}{m}$, n facteurs égaux à $\dfrac{x}{n}$, p facteurs égaux à $\dfrac{z}{p}$,... et ont évidemment une somme égale à S.

D'autre part, le produit

$$x^m.y^n.z^p... = m^m.n^n.p^p... \left(\frac{x}{m}\right)^m.\left(\frac{y}{n}\right)^n.\left(\frac{z}{p}\right)^p...,$$

son maximum répond à celui du produit

$$\left(\frac{x}{m}\right)^m.\left(\frac{y}{n}\right)^n.\left(\frac{z}{p}\right)^p...,$$

composé de m facteurs à $\dfrac{x}{m}$, de n facteurs égaux à $\dfrac{y}{n}$, etc., dont la somme est constante. Ce produit sera donc maximum quand on aura

$$\frac{x}{m} = \frac{y}{n} = \frac{z}{p}\ldots = \frac{S}{m + n + p + \ldots}$$

Les facteurs x,y,z... *sont égaux respectivement aux parties de leur somme partagée proportionnellement aux exposants des facteurs.*

62. — (o). *Inscrire dans un cercle un rectangle de surface maximum.*

Soient x et y les côtés du rectangle, D le diamètre du cercle et m l'aire du rectangle. Le problème donne lieu aux équations suivantes :

$$x^2 - y^2 = D^2,$$
$$x.y = m.$$

Le maximum de m répondra au maximum de m^2. Or le produit

$$x^2.y^2 = m^2$$

est celui de deux facteurs x^2 et y^2 dont la somme est constante. Son maximum répond à $x^2 = y^2 = \dfrac{D^2}{2}$, d'où

$$x = y = \frac{D}{\sqrt{2}}.$$

Le rectangle de surface maximum inscrit dans un cercle est donc le carré inscrit dans ce cercle.

(p). *Quel est le triangle de surface maximum parmi ceux dont le périmètre est constant?*

$$S = \sqrt{p(p - a)(p - b)(p - c)}$$

le maximum de S répond au maximum de S^2. Or

$$a + b + c = 2p, \quad (p - a) + (p - b) + (p - c) = p.$$

La surface sera donc maximum quand on aura

$$p - a = p - b = p - c = \frac{p}{3},$$

d'où

$$a = b = c = \frac{2p}{3}.$$

Le triangle équilatéral est le triangle de surface maximum pami ceux que l'on peut former à l'aide d'un périmètre p donné.

(q) *Parmi les parallélipipèdes rectangles de même surface, quel est celui dont le volume est maximum ?*

Soient x, y, z les dimensions de ce parallélipipède. La surface égale $2(xy + yz + zx)$ et le volume égale $x.y.z$. Le maximum du produit $x.y.z$ répond au maximum du produit $x^2.y^2.z^2 = xy.yz.zx$. Ce n'est autre chose que le produit des facteurs xy, yz, zx dont la somme est constante. Il est maximum quand $xy = yz = zx = \dfrac{S}{6}$, S désignant la surface donnée. On déduit

$$\frac{x}{z} = \frac{z}{y} = 1 \text{ ou } x = y = z.$$

Le cube est donc le parallélipipède cherché.

(r). *Entre quelles limites peut varier l'expression*

$$\frac{ax^2 + bx + c}{b'x + c'},$$

quand on donne à x *toutes les valeurs réelles possibles ?*

Soit

$$\frac{ax^2 + bx + c}{b'x + c'} = y.$$

Je me propose de chercher les valeurs de y pour lesquelles x est réel.

$$ax^2 + (b - b'y)x + c - c'y = 0$$

$$x = \frac{b'y - b \pm \sqrt{(b'y - b)^2 - 4a(c - c'y)}}{2a}$$

Pour que x soit réel, la quantité placée sous le radical doit être positive. Il faut donc que

$$b'^2y^2 + (4ac' - 2bb')y + b^2 - 4ac$$

soit plus grand que zéro.

Si les racines de

$$b'^2y^2 + (4ac' - 2bb')y + b^2 - 4ac = 0$$

sont réelles, le trinôme placé sous le radical peut être mis sous la forme

$$b'^2(y - y')(y - y''),$$

qui sera évidemment positif pour toute valeur de y comprise entre y' et y''. Donc l'une est le maximum, c'est la plus grande ; l'autre est le minimum.

Si les racines sont égales, le trinôme peut être mis sous la forme

$$b'^2(y - y')^2,$$

il est positif pour toute valeur de y ; il n'y a ni maximum, ni minimum.

Il en est encore ainsi dans le cas où les racines sont imaginaires, car on a une somme de carrés sous le radical.

CHAPITRE IV.

PROGRESSIONS, LOGARITHMES, INTÉRÊTS COMPOSÉS.

---

§ Ier. — Progressions arithmétiques.

63. *Une progression arithmétique ou par différence est une suite ne nombres tels que la différence de l'un d'eux à celui qui précède est constante;* cette différence s'appelle *raison.*

$$\div 2.5.8.11.14\ldots$$

est une progression croissante parce que la raison est positive, c'est $8 - 5 = 3$;

$$\div 14.11.8.5.2\ldots,$$

est une progression arithmétique décroissante parce que la raison est négative, c'est $5 - 8 = -3$.

Que la progression soit croissante ou décroissante, pour passer d'un terme à celui qui suit, il suffit d'ajouter la raison au premier. Cela résulte de la définition même de la raison, et, quand on dit ajouter, il faut prendre le mot dans le sens algébrique, c'est-à-dire considérer la raison, avec son signe, en sorte que, si cette raison est négative, les termes successifs s'effectueront en retranchant la valeur absolue de la raison des termes qui précèdent.

Si r désigne la raison d'une progression arithmétique.

$$\div\ a_0.a_1.a_2.a_3\ldots a_n\ ,$$

considérée comme commençant à a_0, et où l'indice d'un terme indique le nombre des termes qui le précèdent, on aura d'après ce qui vient d'être dit

(1) $$a_n = a_0 + nr.$$

C'est-à-dire un terme de rang quelconque égale le premier augmenté d'autant de fois la raison qu'il y a de termes avant lui.

Connaissant les termes extrêmes a_0 et a_n d'une progression arithmétique et le nombre $n + 1$ de ses termes, on trouvera la raison par la formule

(2) $$r = \frac{a_n - a_0}{n}.$$

64. — Il est possible d'après cela de pratiquer *l'insertion de moyens différentiels* entre les termes d'une progression arithmétique donnée ; c'est-à-dire de former une suite de progressions arithmétiques ayant même raison r_1, dont chacune commence à l'un des termes de la progression donnée et finit au terme suivant. Soit, par exemple, à insérer n moyens différentiels entre les termes de la progression arithmétique $\div a_0.a_1.a_2.a_3\ldots a_n$. D'après la formule (2).

$$r_1 = \frac{a_1 - a_0}{n + 1} = \frac{r}{n + 1}.$$

65. — *La somme de deux termes pris à égale distance des termes extrêmes dans une progression arithmétique, d'un nombre limité de termes, égale la somme des termes extrêmes.* Soit $n + 1$ le nombre des termes de la progression ; l'un des termes considérés ayant m termes avant lui, l'autre terme, celui qui en a m après lui, en aura $n-m$ avant.

Or d'après la formule (1)

$$a_m = a_0 + mr ,$$
$$a_{n-m} = a_0 + (n - m)\, r ;$$
$$a_m + a_{n-m} = a_0 + mr + a_0 + (n - m)\, r$$
$$= a_0 + a_0 + nr = a_0 + a_n .$$

Ce qu'il fallait démontrer.

Si le nombre des termes est impair, c'est-à-dire si n est pair, le terme du milieu égale la demi-somme des termes extrêmes.

66. — Pour faire la somme de tous les termes d'une progression arithmétique, remplaçons chaque terme par la demi-somme des termes extrêmes, nous n'aurons pas changé la somme de tous les termes. Or il y a $n+1$ termes dans la progression, donc la somme

$$S = (n + 1)\,\frac{a_0 + a_n}{2}$$

La somme des nombres naturels depuis 100 compris jusqu'à 350 compris est égale à

$$251 \cdot \frac{100 + 350}{2} = 56475.$$

§ II. — Progressions géométriques.

67. — *Une progression géométrique ou par quotient est une suite de nombres tels que le quotient d'un terme par* *celui qui le précède est constant;* ce quotient s'appelle *raison.*

$$\div 3 : 6 : 12 : 24 : 48 : \ldots$$

est une progression géométrique croissante parce que la raison est plus grande que *un*, c'est $\dfrac{24}{12} = 2$;

$$\div 48 : 24 : 12 : 6 : 3 : \ldots$$

est une progression géométrique décroissante, parce que la raison est plus petite que *un*; c'est $\dfrac{12}{24} = \dfrac{1}{2}$.

Que la progression soit croissante ou décroissante, pour passer d'un terme à celui qui suit, il suffit de multiplier par la raison le premier. Cela résulte de la définition même de la raison.

Si q désigne la raison d'une progression géométrique

$$\div a_0 : a_1 : a_2 : a_3 : \ldots a_n \,,$$

considérée comme commençant à a_0, et où l'indice d'un terme indique le nombre des termes qui le précèdent, on aura d'après ce qui vient d'être dit

$$(1) \qquad a_n = a_0 q^n$$

c'est-à-dire un terme de rang quelconque égale le premier multiplié par la raison élevée à une puissance marquée par le nombre des termes qui sont avant celui considéré.

Connaissant les termes extrêmes a_0 et a_n d'une progression géométrique et le nombre $n + 1$ de ses termes on trouvera la raison par la formule

$$(2) \qquad q = \sqrt[n]{\dfrac{a_n}{a_0}}$$

68. — Il est possible d'après cela de pratiquer l'insertion de moyens géométriques entre les termes d'une progression géométrique donnée, c'est-à-dire de former une suite de progressions géométriques ayant même raison q_1, dont chacune commence à l'un des termes de la progression donnée et finit au suivant. Soit, par exemple, à insérer n moyens géométriques entre les termes de la progression géométrique,

$$\div a_0 : a_1 : a_2 : a_3 : \ldots a_n$$

D'après la formule (2)

$$q_1 = \sqrt[n+1]{\frac{a_1}{a_0}} = \sqrt[n+1]{q}\,.$$

69. *Le produit de deux termes pris à égale distance des termes extrêmes d'une progression géométrique, d'un nombre limité de termes, égale le produit des termes extrêmes.* Soit $n + 1$ le nombre des termes de la progression ; l'un des termes considérés ayant m termes avant lui, l'autre terme, celui qui en a m après lui, en aura $n - m$ avant. Or d'après la formule (1).

$$a_m = a_0 \cdot q^m \,,$$
$$a_{n-m} = a_0 q^{n-m};$$
$$a_m \cdot a_{n-m} = a_0 \cdot a_0 \cdot q^m \cdot q^{n-m} = a_0 \cdot a_0 \cdot q^n \,, \qquad \textbf{(21)}$$

Donc

$$a_m \cdot a_{n-m} = a_0 \cdot a_n \,.$$

Ce qu'il fallait démontrer.

Si le nombre des termes est impair, c'est-à-dire si n est pair, le terme du milieu égale la racine carrée du produit

6

des termes extrêmes. Pour s'en assurer, il suffit de faire $m = \dfrac{n}{2}$ dans la dernière formule, on obtient

$$a_{\frac{n}{2}} \cdot a_{\frac{n-n}{2}} = \left(a_{\frac{n}{2}} \right)^2 = a_0 \cdot a_n \; ;$$

d'où

$$a_{\frac{n}{2}} = \sqrt[2]{a_0 \cdot a_n} \,.$$

70. — Pour trouver le produit des termes d'une progression géométrique, je considère le carré de ce produit P.

$$P^2 = a_0 \cdot a_1 \cdot a_2 \ldots a_n \cdot a_0 \cdot a_1 \cdot a_2 \ldots a_n$$

Dans le second membre j'intervertis l'ordre des facteurs de manière à rapprocher les termes à égale distance des termes extrêmes dans la progression ; j'obtiens ainsi autant de produits égaux à $a_0 \cdot a^n$ qu'il y a de termes dans cette progression ; donc le produit des termes d'une progression géométrique est

$$P = \sqrt{\left(a_0 \cdot a_n \right)^{n+1}} \,.$$

71. — *Soit enfin à trouver la somme des termes d'une progression géométrique.* Désignons cette somme par S.

$$S = a_0 + a_1 + a_2 + a_3 + \ldots a_{n-1} + a_n \; ;$$

En multipliant les deux membres par q, on a

$$Sq = a_0 q + a_1 q + a_2 q + \ldots a_{n-1} \cdot q + a_n \, q.$$

Mais

$$a_1 = a_0 q, \; a_2 = a_1 q, \ldots a_n = a_{n-1} \cdot q \; ;$$

Si donc je retranche la première égalité de la seconde, il vient

$$Sq - S = a_n\, q - a_0$$

d'où

$$S = \frac{a_n\, q - a_0}{q - 1}.$$

72. — Supposons qu'il s'agisse d'une progression géométrique décroissante, c'est-à-dire où q soit plus petit que 1, on pourra écrire la formule de la manière suivante :

$$S = \frac{a_0 - a_n\, q}{1 - q}.$$

Séparons le second membre en deux termes,

$$S = \frac{a_0}{1 - q} - \frac{a_n\, q}{1 - q} = \frac{a_0}{1 - q} - \frac{a_0 q^{n+1}}{1 - q}.$$

Or, si q est < 1, q^{n+1} est plus petit que toute grandeur donnée quand n augmente infiniment, de telle sorte que

$$\frac{a_0 q^{n+1}}{1 - q}$$

peut être négligé quand n est très-grand. Donc la limite de somme des termes d'une progression géométrique décroissante, dont le nombre des termes considérés est de plus en plus grand, égale

$$\frac{a_0}{1 - q};$$

c'est-à-dire égale le premier terme divisé par $1 - q$.

§ III. — Logarithmes.

73. *Si on considère une progression arithmétique, commençant par zéro, et une progression géométrique, commençant par un, on dit que les termes de la progression arithmétique sont les logarithmes des termes correspondants de la progression géométrique.*

De cette définition résultent les principales propriétés suivantes :

Le logarithme d'un produit est égal à la somme des logarithmes de ses facteurs. Si *log.* indique le mot logarithme, cette propriété est exprimée par l'égalité :

$$\log. A.B = \log. A + \log. B.$$

Pour la démontrer désignons par r la raison de la progression arithmétique et par q la raison de la progression géométrique ; supposons que A soit le terme a_n de la progression géométrique et que B soit le terme a_m. D'après la définition des logarithmes, on a :

$$(1) \qquad \log. a_n = nr, \quad \log. a_m = mr.$$

D'autre part,

$$a_n = a_0 q^n \quad \text{et} \quad a_m = a_0 q^m,$$

et par suite $a_n . a_m = a_0 . a_0 q^{m+n}$. Mais $a_0 = 1$ dans la progression géométrique considérée, donc dans cette progression :

$$a_n . a_m = q^{m+n}.$$

Le terme correspondant de la progression arithmétique est $(m + n)r$; donc

$$\log. a_n . a_m = \log. A.B = (n + m)\, r.$$

Mais log. $a_n + \log. a_m = (n + m)\, r$ [formules (1)] ; **donc**

$$\text{(2)} \qquad \log. A.B = \log. A + \log. B.$$

Cette propriété s'étend à un produit d'un nombre quel-conque de facteurs. En effet,

$$\log. A.B.C.D\ldots = \log. A + \log. B.C.D\ldots,$$

en considérant B.C.D... comme un produit effectué. Pour la même raison,

$$\log. B.C.D\ldots = \log. B + \log. C.D\ldots,$$

et ainsi de suite;
donc

$$\log. A.B.C.D\ldots = \log. A + \log. B + \log. C + \ldots$$

74. — Si dans cette égalité on remplace les lettres B, C, D,... par la lettre A, on déduira, en supposant que ces lettres soit au nombre de n,

$$\log. A^n = n \log. A.$$

Le logarithme d'une puissance d'un nombre égale le logarithme de ce nombre multiplié par l'indice de la puissance.

75. — Soit $A^n = a$, d'où l'on tire $A = \sqrt[n]{a}$. Remplaçons A^n par a et A par $\sqrt[n]{a}$ dans l'égalité précédente, on obtient :

$$\log. a = n \log. \sqrt[n]{a},$$

ou bien :

$$\log. \sqrt[n]{a} = \frac{1}{n}. \log. a.$$

C'est-à-dire que le logarithme de la racine d'un nombre égale le logarithme de ce nombre divisé par l'indice de la racine.

76. — Construction des tables et leur usage.

On appelle *base* d'un système de logarithmes le nombre dont le logarithme est l'unité. Les logarithmes dits vulgaires sont à base 10, ce qui signifie que log. 10 = 1 dans ce système.

En vue des applications des logarithmes, on dresse des tables où, en regard de chacun des nombres naturels, se trouve inscrit le logarithme correspondant. C'est-à-dire que dans les deux progressions, l'une géométrique, l'autre arithmétique, on fait choix, d'une part, des nombres naturels et, de l'autre, de leurs logarithmes ; de telle sorte qu'il n'y a pas à s'étonner que les nombres de la table ne sont pas en progression géométrique et que les logarithmes ne sont pas en progression arithmétique.

Pour obtenir une table des logarithmes des nombres, de 1 à 10000 par exemple, il suffit de calculer directement les logarithmes des nombres premiers de 1 à 10000. Les logarithmes s'obtiendront pour les autres nombres par l'addition des logarithmes des facteurs premiers qui les composent.

Le logarithme d'une puissance de la base égale l'exposant de cette puissance.

En effet, par définition,

$$\log. b = 1 ;$$

donc, d'après la formule : $\log. A^n = n \log. A$,

$$\log. b^n = n.$$

Dans le système dont la base est 10, on a :

$$\log. 10 = 1, \log. 100 = 2, \log. 1000 = 3, \log. 10000 = 4\dots$$

Tous les nombres, autres que des puissances entières de la base, ont des logarithmes incommensurables, dont la partie entière est l'exposant de la puissance entière de la base qui est immédiatement inférieur au nombre proposé. Cette partie entière est la *caractéristique* du logarithme. Le logarithme de 5490 est compris entre le logarithme de 10^3 et celui de 10^4; il est donc plus grand que 3 et plus petit que 4. Les tables donnent log. $5490 = 3{,}7395723$.

Rendons-nous compte de la possibilité de calculer une table de logarithmes de 1 à 10000 avec 7 décimales exactes. $2^{14} = 16\ 384$, donc un nombre quelconque de 1 à 10000 ne contiendra pas plus de 14 facteurs premiers. Si j'appelle α l'erreur que l'on pourra commettre dans le calcul du logarithme d'un nombre premier, il faudra que

$$14\alpha < \frac{1}{10^7}.$$

Il est évident que l'erreur α calculée d'après cette condition permettra d'obtenir tous les logarithmes de la table avec 7 chiffres exacts. Prenons

$$\alpha = \frac{1}{20.10^7} = \frac{1}{2.10^8}.$$

Il suffira donc de calculer les logarithmes des nombres premiers à une demi-unité du huitième ordre décimal; pour cela il faudra les calculer jusqu'à la neuvième décimale à une unité près de cet ordre.

Supposons maintenant que dans la progression arithmétique le terme 1 ait 1000 000 000 de termes avant lui, il est évident que les logarithmes croîtront de $\frac{1}{10^9}$. Supposons que 10 dans la progression géométrique soit précédé de 1000 000 000 termes; pour avoir la raison d'une telle progression il suffit d'extraire la racine 1 000 000 000ième de 10, ce qui pourrait se faire par racines carrés et par racines cinquièmes successives, puisque $1\,000\,000\,000 = 2^9.5^9$. Cette opération, dont la possibilité est certaine, est fort laborieuse et ce n'est pas par cette voie que l'on a calculé les logarithmes; mais il n'en est pas moins vrai qu'une fois réalisée elle permettrait de prendre avec 9 chiffres décimaux le logarithme de chacun des nombres premiers de 1 à 10. Tout nombre premier de 1 à 10 sera, en effet, compris entre deux termes consécutifs de la progression géométrique, et son logarithme entre les deux termes correspondants de la progression arithmétique, ceux-ci ne différant que de $\dfrac{1}{10^9}$ on pourra prendre l'un deux pour le logarithme du nombre premier considéré. C'est ainsi que l'on pourrait procéder de 1 à 10 000, et que l'on formerait la table entière.

Les tables contiennent un élément dont l'usage est important. Dans une colonne spéciale on inscrit la différence d'un logarithme au suivant. Ce qui permet d'étendre les nuances de la table relativement aux nombres qui ne sont pas entiers. L'usage des *différences* est basé *sur ce que l'on suppose que pour des variations moindres qu'une unité dans les nombres, les variations dans le logarithme sont proportionnelles à celles des nombres.*

Calcul du logarithme de 5490,65

$$\log. 5490 = 3{,}739\ 5723$$
$$\text{partie complémentaire } \frac{791}{100}.65 = 514$$
$$\overline{}$$
$$\log. 5490{,}65 = 3{,}739\ 6237$$
$$\log. 549065 = 5{,}739\ 6237.$$

Dans l'emploi des logarithmes, il se présentera souvent

des logarithmes négatifs. La table ne contient pas de logarithmes négatifs. Remarquons qu'il sera toujours possible
de rendre négative la caractéristique seule. Considérons le
logarithme — 2,260 3763. Écrivons-le de la manière suivante — 2 — 1 + 1 — 0,260 3763 ou — 3 + 0,739 6237.
Lorsque la caratéristique seule est négative on l'indique
par le signe — mis au-dessus. On a donc

$$- 2{,}260\ 3763 = \bar{3}{,}739\ 6237.$$

Si j'ajoute 6 au logarithme, j'obtiens + 3,739 6237, qui répond (en faisant usage des parties proportionnelles) au
nombre 5490,65, mais ajouter 6 au logarithme c'est multiplier le nombre correspondant par 10^6 donc

$$\log. \frac{1}{10^6}.\ 5490{,}65 \ \text{ou} \ \log. 0{,}005\ 490\ 65 = \bar{3}{,}739\ 62\ 37.$$

Donc, en faisant usage de nos conventions, il sera facile
à l'aide des tables de calculer les nombres dont les logarithmes sont négatifs. Ces nombres sont plus petits que
l'unité, puisque le logarithme de 1 est zéro, et que $\log \dfrac{1}{a}$
$= -\log a$. Par conséquent, tout nombre compris entre
1 et $\dfrac{1}{10}$ a pour caractéristique — 1, tout nombre compris
entre $\dfrac{1}{10}$ et $\dfrac{1}{10^2}$ a pour caratéristique — 2, etc., en ne prenant que la caractéristique négative.

Dans le calcul par logarithme il n'y a pas à s'inquiéter
du signe des facteurs ; on opère comme s'ils étaient positifs, et, l'opération terminée, on s'occupe de tenir compte
des signes.

§ IV. — Intérêts composés, Annuités.

77. *Dans les intérêts composés on se propose de calculer ce que devient une somme dont on capitalise chaque année les intérêts, de telle sorte qu'ils produisent eux-mêmes des intérêts pendant tout le temps que le principal reste engagé.*

Si r est ce que rapporte 1 fr. par an, 1 fr. au bout d'une année devient $1 + r$. Si donc on place 1 fr. à intérêts composés, au bout de la première année il devient $1 + r$. Ces $1 + r$ francs, placés pendant l'année suivante, deviennent $(1 + r)(1 + r)$; de telle sorte que le capital de 1 fr. placé à intérêts composés devient au bout de deux ans $(1 + r)^2$. Ce capital devient au bout d'une année suivante $(1 + r)^2 \times (1 + r)$; de telle sorte que le capital de 1 fr., placé à intérêts composés, devient en trois ans $(1 + r)^3$. Et ainsi de suite. Au bout de n années le capital de 1 franc, placé à intérêts composés, devient $(1 + r)^n$. Autant il y aura de francs dans le capital engagé à intérêts composés, autant de fois on aura $(1 + r)^n$.

Soient A ce que devient un capital a, on a

$$A = a (1 + r)^n.$$

Au bout de combien de temps un capital placé à intérêts composés au taux r pour 1 fr. par an est-il triplé ? Dans ce problème considérant un capital de 1 fr. devenant 3 fr. au bout du nombre n d'années inconnu. On a

$$3 = (1 + r)^n$$
$$\log. 3 = n \log. (1 + r)$$

$$n = \frac{\log. 3}{\log. (1 + r)}.$$

Si on suppose $r = \dfrac{4}{100}$, on trouve $n = 28$ ans environ ;

pour $r = \dfrac{5}{100}$, on trouve $n = 22$ ans environ.

78. — *Dans le problème des annuités on se propose de déterminer quelle somme il faut placer chaque année à intérêts composés, pour équivaloir au bout de n années à ce que serait devenue une somme placée à intérêts composés au début de la combinaison.*

Supposons que a soit l'annuité versée au début de chacune des n années. La première annuité produira des intérêts composés pendant n années; elle deviendra donc

$$a \, (1 + r)^n.$$

La seconde ne produira intérêts composés que pendant $n - 1$ années ; elle deviendra

$$a \, (1 + r)^{n-1}.$$

La dernière ne portera intérêts que pendant une année et deviendra

$$a \, (1 + r).$$

Ces versements successifs deviennent donc

$$a \, (1 + r) + \ldots + a \, (1 + r)^{n-1} + a \, (1 + r)^n,$$

progression geométrique dont la raison est $1 + r$ et dont la somme égale

$$a \, (1 + r) \, \frac{(1 + r)^n - 1}{r}.$$

Soit A le capital placé au début de la combinaison ; il devient

$$A \, (1 + r)^n.$$

On a donc

$$A (1 + r)^n = a (1 + r) \frac{(1 + r)^n - 1}{r};$$

d'où

$$a = A \frac{r (1 + r)^{n-1}}{(1 + r)^n - 1}.$$

Si l'annuité n'était payée qu'à la fin de chacune des années, on aurait

$$a_1 = A \frac{r (1 + r)^n}{(1 + r)^n - 1}.$$

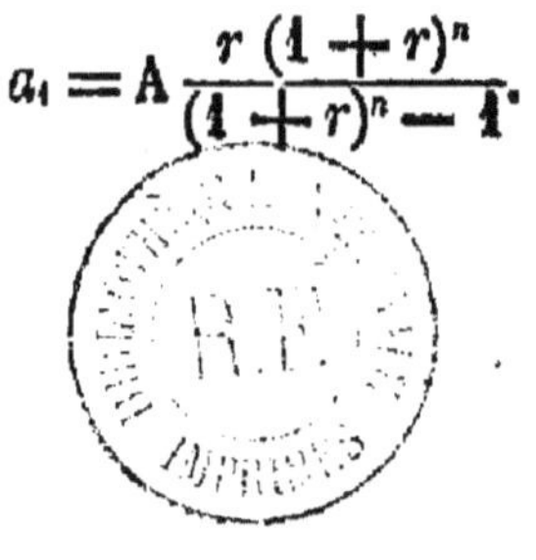

FIN.

IMP. EUGÈNE HEUTTE ET C⁰, A SAINT-GERMAIN.

IMPRIMERIE E. HEUTTE ET Cᵉ, A SAINT-GERMAIN.

www.ingramcontent.com/pod-product-compliance
Lightning Source LLC
LaVergne TN
LVHW021749170726
843503LV00004B/1790